浙江省教育科学规划课题、浙江工业大学
精品课程与教法改革项目成果之一

"营·建"认知的教与学

朱晓青　　王宇洁　　仲利强　著

北　京
冶金工业出版社
2013

内 容 提 要

营与建是建筑学思想与行为的辩证关系表达。建筑师核心素养和技能的塑造，对营建体系的认知，是建筑学启蒙教育阶段的重中之重。目前，以设计和建造、模型化设计、建构实验等为主题的教学模式在我国快速发展，引发学术界和教育界的广泛关注。本书正是基于这一背景，以建筑学启蒙教育阶段的"建筑设计基础课程"为教学研究平台，将传统训练中的构成、图解、体验、制作与主题性的营建认知相融合，对元素构成、材料实验、空间限定、场所体验、复杂体组合等一系列教学内容做了由浅入深的介绍。

本书分为教学理论篇和案例篇两个部分，可供建筑设计、城乡规划、环艺设计等专业及相关领域的教师和学者阅读参考，也可作为高等院校相关专业的基础教学参考书。

图书在版编目（CIP）数据

"营·建"认知的教与学/朱晓青，王宇洁，仲利强著 . —北京：冶金工业出版社，2013.9

ISBN 978-7-5024-6279-6

Ⅰ.①营… Ⅱ.①朱… ②王… ③仲… Ⅲ.①建筑设计—教学研究—高等学校 Ⅳ.①TU2

中国版本图书馆 CIP 数据核字（2013）第 184487 号

出 版 人　谭学余
地　　址　北京北河沿大街嵩祝院北巷 39 号，邮编 100009
电　　话　（010）64027926　电子信箱　yjcbs@cnmip.com.cn
责任编辑　廖 丹　美术编辑　杨 帆　版式设计　孙跃红
责任校对　郑 娟　责任印制　牛晓波
ISBN 978-7-5024-6279-6
冶金工业出版社出版发行；各地新华书店经销；北京慧美印刷有限公司印刷
2013 年 9 月第 1 版，2013 年 9 月第 1 次印刷
169mm×239mm；13.25 印张；256 千字；202 页
32.00 元

冶金工业出版社投稿电话：（010）64027932　投稿信箱：tougao@cnmip.com.cn
冶金工业出版社发行部　电话：（010）64044283　传真：（010）64027893
冶金书店　地址：北京东四西大街 46 号（100010）　电话：（010）65289081（兼传真）
（本书如有印装质量问题，本社发行部负责退换）

前 言

  我国建筑学教育的训练模式一直是以"手头训练"、"技术讲授"和"规范考查"为主，以适应国家建设人才急需、城乡建设任务繁多的培养目标。建筑学主干课程重视自上而下对美术、技术、规范、理论的技能与知识的植入，缺乏自下而上对建筑学中"营"与"建"的本体认知关联。事实上，无论是中国传统的"匠作"传授制度，还是西方的建筑师实践体系，其核心点在于"实体生成"的建筑生产活动，这一点不仅贯穿建筑师职业化训练的全过程，而且更重要的是如何体现在建筑学的启蒙教育中。

  联合国教科文组织与国际建筑师协会（UIA）在《建筑教育宪章》中提出"专业实践以及建筑教育与培训都需要具有更大的多样性"。建筑学教育理论进入多主题时期，新生代建筑教育家不断丰富实践教学模式，进一步加速了体系分化进程，例如英国建筑联盟学院（AA）的现象法训练，美国哥伦比亚大学的无纸化教学等。在国内，建筑学启蒙教育的模式也不断被突破和改变，其焦点围绕着"创新而非高仿"、"直观体验而非间接学习"、"技能塑造而非知识建构"等一系列主题展开。传统的手绘、色彩、制图等训练任务开始转向实体建构。但是，这一过程受师资和硬件条件影响，学校之间的培养目标与教学方法差异很大。

  具体到地方建筑院校，一方面，其承担了量大面广的建筑学基础性人才培养任务，十年间新办与扩招的规模扩大了近8倍，远高于全国高等教育人数增长的平均水平；另一方面，由于培养导向的职业化特征，地方建筑院校对建筑学启蒙教育仍处于一个较为滞后的水平，特别需要在新一代建筑师的培养方式上，寻求符合建筑学"营·建"认知的教学方法与训练体系。

  本书立足于地方建筑院校的共性背景，结合全国高等院校建筑学专业本科（五年制）评估标准，针对建筑设计基础阶段进行"营·建"认知的理论探索和教学实验：上篇为营建认知理论与教学体系，以教育者为主体视角，梳理建筑学营建认知教学的相关背景、理论及其教法机制。第 1 章介绍营建认知的理论演进，第 2 章介绍建筑学教育演变与营建教学发展，第 3 章介绍营建认知教学的组织与实践。下篇为营建认知教学的案例解析，第 4~8 章按照营建认知的规律，从小到大，由简入繁，详细介绍了构成过渡、基础认知、多要素集成、场地体验和复杂体组构的模块案例。

目前，营建认知训练已在试点建筑院校的建筑学启蒙教学中取得了较好的成效，但限于作者水平以及本书内容的探索性质，上述内容仍有待做进一步的更新、论证和系统性的完善工作，书中不足之处，还望广大读者批评指正。

作　者

2013 年 5 月

目 录

下篇　营建训练教学案例解析

导　　语

　　"营建"，中文释义为：兴建、建造；创建。源引《老子》中"埏埴以为器，当其无，有器之用。凿户牖以为室，当其无，有室之用。故有之以为利，无之以为用"的经典描述，"营建"作为人类基本的生产能力之一，即以空间为工作载体，根据预设计划，选择特定的材料、形式和工艺路线，来满足和承载特定的行为需求。建筑学究其本质是一项基于"营建"的知识、技能和文化的专业性体系，建筑学丰富的理论和实践同样可以被总结和统一为"营建"主题下的两大核心：（1）利用空间来谋求功能；（2）通过建造来实现空间。具体而言，营建体系不仅只是狭义的物质化构筑生成，而且表达为目标设定、操作实施、过程管理、绩效实现四个环节，同时包含特定经济、科技、文化与审美的建造导向。在当代建筑学理论研究中，与"营建"相关相近的概念有：

　　"结构"（structure）——建筑物承担重力或其他外力（侧推力、扭力等）的构件及组成方式。在现代建筑学分类范畴中，结构更倾向于抽象的力学含义。

　　"建造"（construct）——采用特定材料、结构和工艺的人工构筑物制作与生产行为。以建筑为对象，建造是空间与功能的载体物化过程。

　　"建构"（tectonic）——国内外尚缺乏公认定义，但在诸多学者描述和讨论中，其概念倾向为"建筑表达方式对其生成过程中材料、结构与建造的本体再现"[1]。

　　综合上述词义辨析，结构（实体形态）、建造（生产程序）、建构（意象表现）都是营建体系下有关于"建"的关键要素。但事实上，"营"与"建"并不是割裂的，二者辩证交织，共同构成建筑学基因的双螺旋核心。当论及"建"，我们自然会更多关注物化和具体内容，与此同时，"营"作为思想与社会行为，主导并控制建筑生成每个环节。

　　"营建"概念在教学体系中多被表达为"设计与建造"（design & build），其中"设计"代表企划、方案等智力工作，"建造"则表述为组织、加工、制作等体力行为。我国现阶段尚处于教育改革的先行期，营建教学的发展仍主要立足对传统模式纠偏和新教法尝试，总体来看，现有营建教学探索主要集中于如下环节：

　　（1）营建基础认知。在建筑学启蒙阶段，通过小型"构形-制作"任务来传授基本的营建概念和工作方式。

（2）营建技能塑造。在建筑学教育提升阶段，通过设计原理、建筑结构、构造、历史等知识的整合，进行"专题式"营建任务训练。

（3）营建实证应用。在高级阶段或职业化教育中，深化营建实践、应用与创新，侧重文脉传达、材料性能、工艺路径等内容拓展。

但在当前的教学实践中，"堂课"与"实习"脱节、"图房"与"现场"割裂，仍然是我国现行建筑学教育体系的普遍问题。基于此，笔者认为营建教学的发展需要着重于两点：其一，逐步由优势院校的营建训练试点，向地方性、职业化院校进行教学传播与推广，以利于扩大对建筑人才培养的影响面；其二，强调在营建课程设定中，突出通用可推广的训练模块，以利于进一步实现营建教育体系的规范化。

■ 上 篇

营建认知理论与教学体系

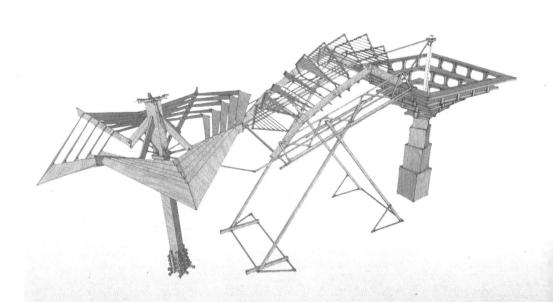

第1章　营建认知的理论基础

1.1　建构：营建文化的演进

1.1.1　营建反思与现代建构理论的发展

所谓"营建"，是以空间为工作载体，根据预设计划，选择特定的材料、形式和工艺路线，来满足和承载特定的行为需求。"营"与"建"共同构成营建体系的双螺旋核心。但事实上，现今对于营建体系的研究与认知往往把重点放在"建"上，而对于"营"这一计划、组织、管控整个过程的主导思想有所忽视。不可否认的是，"设计"和"建造"都是整个营建过程的核心环节，重要性不言而喻，其相关理论的研究对推动"营建体系"的发展极为重要，特别是现代建构理论对营建体系的理论研究和发展产生了重要而深远的影响。

"建构"（tectonic）一词的最初形式为希腊文"teckton"，意为木匠或建造者。在古希腊的《荷马史诗》中，该词被用来指称一般意义上的建造技艺[2]。建构作为建筑学的一个理论范例，出现于 18 世纪后期，兼有建筑的双重概念——"arche"（本源，主导者）及"techné"（超构筑）的意思。最先在建筑论述中使用"建构"一词的是德国人卡尔·奥特弗里德·缪勒（Karl Otfried Müller），他在 1830 年出版的《艺术考古学手册》（*Handbuch der Archäologie der Kunst*）中写道："器皿、瓶饰、住宅、人的聚会场所，它们的形成和发展一方面取决于其实用性，另一方能又取决于与情感和艺术概念的一致。我们将这一系列活动称为'建构'，而它的顶点就是建筑——通过对满足基本需求的提升来表达最深厚的情感。"[3]建筑作为以上一系列艺术形式的最高代表，可以将其理解为结构与艺术的综合体系。建构的涵义已经超出了构筑，而更多地关注于建筑构筑的形式和功能之间的理性协调。

其实早在 18 世纪，艺术史家温克尔曼（J. J. Winckelman）就鼓励人们跳出古罗马和文艺复兴限定的理论框架来理解古希腊建筑。在《古代建筑研究》（*Remarks on the Architecture of the Ancients*）中，他不再单纯从部分之间的组成关系上理解建筑学，而是认识到各部分运作于一个整体的、有逻辑的结构系统中。他不再从纯粹的视觉愉悦和模仿性质理解建筑，而是将视觉愉悦置于机械物质行为中来综合理解。到了 19 世纪初，另一位德国艺术史家希尔特（Alois Hirt）加深了对建筑物质性的解读。在其 1809 年出版的《古代原则下的建筑》（*Architecture Ac-*

cording to the Principles of Antiquity）中，希尔特将建筑史划分为木构和石构阶段及塑性与刚性阶段。希尔特论述道，希腊建筑的石材细部——从柱间壁到齿饰——是由早前的木结构元素转变而来的。他没有将装饰解读为对线性几何的单纯运用或与人类模仿力相关的符号联想，而是将装饰看做历史上结构的艺术遗留物，装饰讲述了建造的故事。

19 世纪的德国理论家卡尔·弗雷德里希·辛克尔（Karl Friedrich Schinkel）对建构理论有至关重要的贡献。他推动了一个观点的发展：建筑的"基本形式"（grundformen）中包含了各个历史时期的不同表达方式（见图 1-1）。辛克尔认识到建筑装饰是具有多重意义的主要角色。装饰并不是浮于表面的独立语言，也不是体现建筑恰当性的系列符号。与之相反，装饰为建造提供了理性的含义；它让静力成为可视的、可理解的力量；它能与具体的、历史性的听众对话。建筑装饰可以理解为新的模仿，不同于其他现实主义与自然主义的高级艺术。在建筑学中，装饰模仿了建造行为。在表现力量与物质方面，装饰是相对于构筑的机械艺术的自由艺术。

辛克尔之后，卡尔·博提舍（Karl Bötticher）进一步将功能、结构和建筑设

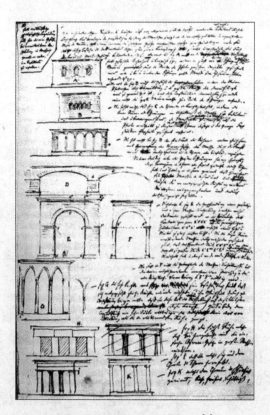

图 1-1　辛克尔日记中的草图[4]

计中的象征意义结合起来。在《希腊人的建构》(*Tectonic of the Greeks*)和其他著作中，博提舍非常重视技术创新与艺术连贯性之间的联系，即被视为由中世纪结构演化而来的铁工程与具有不朽意义的古希腊建筑装饰语言之间的联系。博提舍对"核心形式"（werkform）与"艺术形式"（kunstform）的讨论确立了装饰与结构的理性联系，他的建构理论为建筑学的目的取向和模仿性再现确立了一条基本原理。博提舍认为艺术必须以实用性与外部特性为参照，艺术形式的外壳应该具有揭示和强化结构本体内核的作用。在建构学中，建筑美学体系被倒转过来，对机械性概念的诠释恰恰成为建筑美之所在。

之后，戈特弗里德·森佩尔（Gottfried Semper）在建筑的艺术和结构特征之间发展了严格的层递关系。他定义了建构的三个层面：首先是内在的技术，即平实的材料建造；第二层是建筑秩序，即对技术的再现（技术之面具）；第三层是在第二层秩序之上的雕饰，是对人类故事、神话和幻想的叙述（面具之面具）。例如，一个古希腊建筑物包含了结构要素、建筑艺术和雕刻艺术，其建构的二、三层是对第一层的再现：将柱子切割成圆柱形并刻上凹槽；梁的端部饰以三竖线花纹；构件之间的空间作为浮雕的背景。这样就完成了建筑的三部曲：对天然的建造材料做抽象的塑造并使之更为生动丰富；装饰性面具生成并秩序化；雕刻作为"面具之面具"进行描绘和陈述，由此完成了从原材料到建筑的转变。

1.1.2 当代建构研究对营建理论的影响

1995 年，肯尼斯·弗兰普顿（Kenneth Frampton）的《建构文化研究——论 19 世纪和 20 世纪建筑中的建造诗学》出版，弗兰普顿在书中阐述了建构的文化内容和诗性意义，将建构从以技术为核心的艺术形式上升为结构与建造这两者之间的关联性艺术，是建筑理论上将建造问题作为建筑文化之本质的一种回归。

森佩尔于 1851 年在《建筑艺术四要素》(*Die vier Elemente der Baukunst*)中由原始住屋出发提出了建筑四要素理论，认为原始茅屋（见图 1-2）应有四部分组成：（1）火炉（hearth）；（2）基座（earthwork）；（3）构架/屋面（framework/roof）；（4）围合性表皮（enclosing membrane）。在此分类的基础上，

图 1-2 原始茅屋（洛吉耶《论建筑》第二版卷首插图）

他又将建筑建造体系分为两大基本过程：（1）框架的构筑术，不同长度的构件结合起来围绕出空间域；（2）受压体量的固体砌筑术，通过对承重构件重复砌筑而形成体量和空间。肯尼斯·弗兰普顿则根据建构理论，将森佩尔提出的建筑四要素分为两个层面：其一是土方基础以及屋顶和框架，这部分应归于建筑本体（ontological），是构成基本结构和物质实体的核心元素；其二为火塘和填充墙，此部分则应归于建筑表现（representation），是表现建组成特征的外表[5]。由森佩尔提出的建筑建造体系的两大基本过程可以看出，他认为建筑本体和表现之间的区别与联系是直接源自建造体系的方法和工艺的不同。而弗兰普顿则认为，由于每一个建筑的类型、技术、地形和现状环境的相异形成了不同的文化条件，因而建筑的本体（物质性）与表现（象征性）之间的差异在创造建筑形式时应重新结合起来，两者应是协调一致的。

哈佛大学的塞克勒（Eduard F. Sekler）教授在1973年发表的《结构、建造和建构》（Structure, Construction, Tectonics）一文中阐述道："当结构概念通过建造得以实现时，视觉形式将通过一些表现性的特质影响结构，这些表现性特质与建筑中的力的传递和构件的相应布置无关，这些力的形式关系的表现性特质，应该用建构一词。"[6]这里，建构成为建筑的"表情"，同结构、建造一样是建筑的一个方面。而且在实际的建筑作品中，材料与结构的表达方式可能是多种多样的，并不拘泥于某些固定规则。弗兰普顿在《建构文化研究》中表达的观点与塞克勒有相似之处，他认为"建构"一词虽然无法与技术问题分离，但又绝不仅是一个建造技术的问题。他把建构称为"诗意的建造"（a poetics of construction），认为建构是一门既非具象又非抽象的艺术。建筑首先是一个结构物，而后是基于表皮、体量、平面的抽象论述；建筑本质上不仅是透视和视觉上的，而且是构造和细部上的个性表达[7]。

意大利建筑师、建筑理论家马可·弗拉斯卡里（Marco Frascari）对于建构的剖析则是从微观的角度出发，认为建筑意义产生的源泉在于建构，尤其是在材料与材料之间、空间与空间之间以及"形式上的或是实质上的节点"[8]。他在关于细部的文章《叙事的细部》（Tell the Tale Detail）中认为，节点（最初的细部）是构造的生产者，建构的细部是创新和发明的源泉，建筑的意义进而成为细部设计、实施和更替的结果[9]。弗拉斯卡里将建构视为建筑意义的创造者，构造（细部）成为理解建筑意义的知性结构，从建构中可以衍生出源源不断的建筑灵感。与弗拉斯卡里持有相似观点的还有意大利建筑师多尼奥·格里戈迪（Vittorio Gregotti），他同样强调细部之于建筑的重要意义，认为建筑存在于细部之中。细部通过建造法则来表现材料的特质，进而增强设计概念的清晰性，同时还能增强建筑的层次体系，体现局部与整体的协调关系[10]。

由此看到，"建构"实际上包涵了技术特征与艺术特征两个层面上的内容，是建造与表达的结合。建筑的营造性要求建构首先是使建筑各部分成为一体的整个体系和方法，结构、构造、材料、建造技术以及"场所精神"都被纳入到这个体系的涵盖范围之中，从而拓展了"建造"的内涵，"设计"、"概念"需要通过建造得以实现，而建造的艺术特征使之不能被简单地归入技术范畴之中。建构理论对于建造问题的研究使"建"这一物化过程和与人相关的"文化"、"思想"及设计过程紧密联系，而"营建"作为人工环境营造与空间构筑的全过程，其系统构成不仅包括了建造所需的物质要素，还涵盖了与之相关的"人"的文化、思想、组织要素。

1.2　要素：空间营建的系统与组成

1.2.1　前提：场地与材料

"优秀的建筑总是始于有效的建造（construction），没有建造便没有建筑。建造使材料和材料的使用更加符合材料的特性[11]。"建筑的建造方法、功能布局和最终的建筑形式很大程度上取决于其特定的位置、气候、地形以及所在地区能够拥有的材料，建筑不能脱离自然环境和风俗习惯等因素自成一体。同时，建造也应该揭示情感，所以材料的运用不应该仅仅考虑造价和纯技术因素，而应该包括情感和艺术想象的精神。这样，建筑材料才能超越纯粹的功利，超越逻辑思维和计算，获得伟大的意义。

建筑师用来表现建筑的载体是材料，设计的表达很大程度上依赖于材料的组织与运用。每一种材料都有其特有的一系列物理特性，人们常用其在不同温湿度条件下膨胀和收缩的程度、可腐蚀性、柔韧性、脆性等量化数据来反映和描述这些特性，人类要进行建造活动首先必须掌握所用材料的物理属性。然而，人类感官世界对于材料的描述则更为复杂，颜色、肌理、弹性、亮度、质感、体积感、重量感，甚至温度、气味等都成为影响人们对于材料感知的重要因素，这些属性以材料本身的物理属性和材料相互之间的组织方式为基础，同时结合人的生理构造和历史文化背景综合发生作用，从而使得材料获得更为复杂的意义。

一些历史性的材料在不同时期的概念应用也是不同的（见表1-1），作为建筑内在最重要的组成部分，材料的变革与发展必然会引发建筑形式的变革与发展。材料会直接决定建造成果——建筑的结构形式、构造方法、立面以及观感等方面的不同，不同地域、不同的历史文化的发展也使得材料具有文化学上的意义。充分研究和认知材料的表现力和生命力不仅可以为建筑创作、创新提供新的思路与灵感，还可以让人们找到情感的回归点。例如地中海地区的白色石砖建筑（见图1-3），中国、日本的木制建筑，东南亚地区采用竹子搭成的竹楼（见图1-4）等，无一不是材料地域性特征的突出显现。正是这些自然、历史以及文化传统使得材料超越了物理世界的基本属性，进而融入了时代特征，也包含了地域性的因素。

表1-1　抽象意义上不同加工工艺的材料应用

材料＼抽象加工工艺	纺织工艺	制陶工艺	木工工艺	石工工艺
织　物	地毯、垫子、窗帘、旗帜	动物皮毛		拼贴物
黏　土	马赛克、瓷砖、砌砖、面层	瓶状物、陶器		砌砖、石工术
木　材	编织的木制面层	桶、弯曲状家具	家具、木工工作	镶嵌细工
石　头	大理石和其他石材面层	炮塔	横梁式结构系统	厚重的石砌工艺、墙
金　属	中空金属、镀金工艺品、金属屋面、幕墙	金属花瓶、金属壳	铰接的金属结构、铸铁柱	锻造、炼铁厂
混凝土	预制混凝土板轻的翘曲、幕墙	双曲线抛物面	板柱体系	
玻　璃	热力塑型的玻璃、幕墙	吹制的玻璃	黏结玻璃做法	玻璃砖
信　息	调节、交织	中心对称、旋转实体、极坐标	平移、笛卡尔坐标系	布尔数学体系的操作、贴瓷砖、瓦的运算法则

图1-3　地中海建筑

图1-4　柬埔寨民居

1.2.2　需求：功能与用途

现代建筑遵循功能决定形式的原则，重视建筑物的使用功能并以此作为建筑设计的出发点。其最初的目的是要提高建筑设计的科学性，注重建筑使用时的方便性，因此这些观点也被人称为是建筑中的"功能主义"。"功能主义"强调建筑形式必须反映功能，建筑平面布局和空间组合必须以功能为依据，建筑应当"由内而外"（柯布西耶）进行设计，而且所有不同功能的构件也应该分别表现出来。在现代建筑运动之后，"功能"一词的含义被大大扩充了，不仅包括理性的要求，还包括心理、感情、美学等非理性的含义。因此，建筑功能需要从人的物质性需要和精神性需要两方面出发，既要以其物质结构为人类提供适于生产、生活的空间，又要为人的各种社会活动提供交往空间。同时，建筑功能的含义需要随着历史的变迁而发展来满足人们不断变化的多样化需求。

功能是具有层次性的问题。空间使用功能所针对的是人在建筑中的基本使用问题，属于空间适用的层次。而建筑构造则属于技术层次，是通过合适的营造技术手段以解决构件及构件间存在的功能问题。如何理解功能的含义？如何在营建过程中处理功能与构造的关系？勒·柯布西耶设计的拉·土雷特修道院（Monastic College of Sainte-Marie-de-la-Tourette，1957）给了人们一些很好的启示，建筑师以其对功能的深刻理解，将这座功能复杂的建筑处理得十分富有逻辑。修道院建在倾斜的坡地上，北面的教堂部分相对独立，其余三面层数不等，围合成"凵"形，下部是包括餐厅、会客厅、图书馆在内的公共活动区，最上面两层则是私密性很强的单身宿舍。修道院的重要功能是为这里的修士们提供一个内省的空间，位于公共活动区回廊交叉点的中庭形成了内向的交往中心，建筑规整的外形以及所采用的混凝土材料，也都凸显出建筑这种内向的特征。修道院的很多构造处理也反映出建筑特有的精神功能，如教堂部分的室内光线效果完全是依靠构件的形状和位置而产生的（见图1-5）；"凵"形部分的房间朝向外部的窗由垂直遮阳板分割成疏密相间的缝，使外向视域受到一定的限制；顶部两层单身宿舍出挑在建筑立面上形成规整的檐部（见图1-6），居于其中的修士们只能透过一个

图1-5　拉·土雷特修道院室内

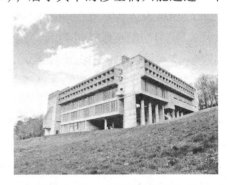

图1-6　拉·土雷特修道院外观

个方孔向外眺望；图书馆的窗仅开向内院，用不同色彩玻璃组成蒙德里安式的构图，以保证修士们可以安心学习。人们在建筑外部完全可以根据窗的构造形式推断出室内的功能，这种融功能与构造为一体的处理手法使建筑上的细部处理真实而清楚地表达出建筑本身的特质，这一点与建筑师从本体的角度来建造的实质是分不开的。

1.2.3 生成：结构与支撑

从原材料到建筑的最终形态，需要经过特定的结构造型。在建筑空间的塑造过程中，结构为空间提供有效的骨架和支撑，空间形态不能脱离结构而存在。人类自从事建筑营造活动开始，就通过对大自然的观察，积累和掌握了许多形式以及力和材料之间的关系，并且利用这个原理克服客观条件的局限性，创作了许多结构精妙的建筑物。合理的结构逻辑会直接影响甚至决定建造过程的成败，如果结构的正确性和合理性不能得到保证，将会造成一系列的问题，还可能降低安全性。设计师在考虑结构问题时，不仅要考虑功能、技术、艺术等诸方面的因素，而且最根本的是要从力学意识出发来解决结构方面的问题。在营建活动中，设计师建构结构形态应遵循以下原则[12]：

（1）清晰体现营造逻辑。即从外表可以判断出建筑是以何种材料以及结构形式建造起来的，而且重要的是建筑提供的信息应该是基本真实的。营造逻辑清晰要求结构形态具有严谨的秩序，这里的秩序是指理性的组织规律在形式结构上所形成的视觉条理，通过秩序可以使建筑作品的整体性得到显现。

（2）完美体现结构形态。形式与结构并不是剥离的关系，形式不是肤浅的，结构也不是封闭的，而是浑然一体，相互支持。建筑的外部形态通常是内部结构和空间的直接反映。一个成功的结构设计要通过内在结构的构筑表现外在的形式美感。结构及其形态具有很强的可塑性，比如壳体结构有筒形、鞍形、扭壳、折壳、弯顶等多种形式，悬索结构也有双曲悬索、轮辐式悬索、索弯顶等不同形式。合理的结构不仅可以以其逻辑性和理性支撑起空间要素，而且可以把美的形式和内容融入到空间的整体之中，更加丰富空间的内涵。

（3）与功能技术条件契合。建筑师的设计创作需要科技发展所提供的技术支持，技术手段的运用也使得建筑的外表更加多样，功能更加丰富，可操作性更强，同时也为建筑创作提供了新的创作灵感。如果说技术总是以某种形态存在于建筑中，那么结构就是这样一个形态的载体——结构必须以一定的技术支持作背景，才能有所成果。同样，某一种结构形式也正反映了与之相对应的技术水平。丹麦建筑师约翰·伍重在设计悉尼歌剧院时，将设计定位于壳体结构。然而由于当时他对壳体结构在力学性能方面的优劣缺乏足够认识，使该项目长期得不到有效的结构技术支持。最终以肋拱结构实现其建筑造型（见图1-7），但表里不一

图 1-7　悉尼歌剧院的外观及肋拱结构

的缺憾却永远被凝固在其中。

1.2.4　限定：表皮与界面

　　建筑表皮（building skin）是承担建筑外部围护界面的物质系统。从空间的视角看，它是形成空间的基本物质条件，担负着为人类过滤外界影响，营造舒适栖居之地，提供私密性的基本功能；同时，表皮也是建筑内外空间的介质，在空间体验的转换过程中起着很大作用。从视觉特征上说，它无疑比建筑的其他组成部分更能引起人们的关注；此外，建筑表皮还可以反映出特定时期的气候特征、地域文化、生活方式、建筑美学及科学技术等[13]。在现今建筑发展的过程中，人们用皮肤的功能来形象地描述建筑围护结构在当代社会中功能的发展。因此，建筑表皮一词比其他词更确切地表达了其特定的语义和语境。

　　表皮不是抽象的平面，而是物质化的客观实体，它具有一系列的物理属性，诸如形状、色彩、透明度、肌理、质感等，涉及具体的建造问题，诸如材料、构造、建造方法等。在物质化的建筑概念中，材料构件处于微观、表皮处于中观、城市处于宏观，微观与中观之间联系的纽带是建造，处于中观的表皮承上启下，是建筑学中起重要作用的一个层面[14]。然而，在现代建筑发展过程中，建筑表皮一直处于一个配角的地位，虽然新材料和新的生产方式为建筑表皮提供了新的发展机会，使其摆脱了承重结构功能的强制束缚，但建筑创作大多更偏重于建筑体量和空间的表现，表皮成了体量和空间的附属品。不过，随着现代科技的推进，表皮上附加的技术含量越来越多，为了满足人们对舒适度越来越高的要求和对生态环境的保护，表皮不再只是建筑内部与外部的简单分隔，表皮与其支撑结构可以完全分离并独立实行一系列功能，如采光、通风、隔热、隔声、安全、美学等。建筑表皮可以按照不同的功能等级分成不同的功能层，并依据建筑特定的功能要求、地域和环境特点等加强或弱化某项功能层。表现建筑内部功能不再是表皮的唯一作用，表皮也不再是建筑体量的附属物，而取得了相对独立的地位，并成为当代建筑设计日益关注的焦点。

当今建筑表皮无论从形式、材料还是色彩上，都呈现出丰富多彩的特点（见图1-8）。赫尔佐格（Herzog）和德梅隆（De Meuron）在设计伦敦拉班现代舞蹈中心时，在建筑玻璃墙面的外层安装了彩色的聚碳酸酯材料，所形成的建筑表皮在光线照射下可以产生丰富的色彩变化（见图1-9）。他们在设计美国加州道密纽斯葡萄酒厂（Dominus Winery in Napa Valley）时则挖掘出了传统材料的全新用途和表现形式，建筑最外层的表皮由装有当地石材的金属编织筐笼置于玻璃面之外而形成（见图1-10），取自当地的平常石料在建筑师的加工重组和重新演绎之后，使得这座外观简洁的建筑拥有了全新"表情"。在这些建筑作品中，体量不再是建筑外在形式表达的唯一主角，建筑外形完全成为表皮的材料表达和构建表现，并阐释出当今建筑美学观的新视角。

图1-8 当代建筑实践中多样化的建筑表皮

1.2.5 拓展：单体与簇群

建造是一个延续性的过程，一个建筑单体的确定并不意味着其所在的空间环境的最终形成，建筑及其空间环境总会随着时间的推移不断发生变化。在城市形态的发展过程中，多个单体建筑集中布局形成组团，若干建筑组团又形成相对独立的功能区域——"簇群"（功能区）。城市中的建筑整体空间布局以

图 1-9 拉班现代舞蹈中心的建筑表皮[15]

图 1-10 美国加州道密纽斯葡萄酒厂的建筑表皮[15]

内在的有机秩序为基础，体现为"单体建筑—建筑组团—簇群（功能区）—城市"的层级关系，这种组织方式类似生物中"分子—细胞—细胞群—有机生命体"的细胞群组织结构，城市中的单栋建筑相当于分子，建筑组团相当于细胞，若干组团形成的"簇群"好比细胞群，而若干"簇群"则构成整个城市空间的生命体。

由荷兰建筑师奥多尔·范·艾克设计的阿姆斯特丹儿童之家曾被称为是"第一个从整体与部分互相决定的意义来考虑，并有着建筑秩序的实际建成案例"。在设计中，建筑的结构像是自给自足的城市，有"街道"、"广场"和独立的建筑单元（见图1-11），每个单元都有自主的作用，又不失为整体的一部分。建筑布局采用"多簇式"设计，把一个个标准单元按功能、结构、设备与施工的要求与可能性分成组，每组既有独立

图 1-11 荷兰阿姆斯特丹
儿童之家的鸟瞰图[16]

活动的小天地，又可以享用各组共有的公共设施，整个建筑群采用统一模数，但大致可分为两种类型的"簇"，每一类都有重复出现的大穹窿、庭院、L 形平面轮廓，特征明显而强烈。

1.3 影响：营建体系与现代建筑设计

工业革命以后，欧洲近代历史上手工业体系上升为现代工业体系并积极向后工业社会过渡，其文化思想以及科学技术成就为建筑发展创造了坚实的基础和条件。新的社会生产方式和生产关系产生了新的审美趣味，全新的结构形式、建筑

功能对于那个时代的建筑师都是前所未有的挑战，促使他们去思考，去创造新的建筑形式。现代建筑将建造的目的限定在其功能的需要和材料的逻辑性使用以及结构和构造的真实表现，并且成为建筑最核心的设计原则。如早期现代主义的代表人物密斯，其对于精密技术的运用和材质的组织使建筑展现出了强大感染力，更使其多项作品成为现代主义建筑的经典之作。20 世纪 60 年代以后，出现了各种建筑思潮和流派，探索后工业社会建筑发展的道路。其中后现代派以所谓的"复杂性"和"矛盾性"来对抗现代建筑的简单化和唯美化；解构主义则运用混沌的理论和方法来修正建筑机械式的观念和手法；尽管材料、结构和构造技术对现代建筑而言是重要的物质手段，而晚期现代派却以极端的手法来强调结构与技术的表现力，夸大结构和构造的装饰作用，从而陷入了形式主义的泥潭。20 世纪 80 年代，后现代主义已成为过时的论调，取而代之的是运用玻璃、钢、铝合金等现代材料创造出的更为灵活的建筑空间的风格，其建筑造型的重点是呈现材料与结构的特征和逻辑，建筑从内到外、从设计到施工都改变了传统以空间为主的建筑观念，技术美成为建筑的灵魂，高技派的兴起得到了普遍的关注和认可。高科技不仅在结构、构造和施工技术方面对建筑设计有很大的影响，而且也从美学角度拓展了建筑学的视野，对传统的建筑材料的结构和构造产生了深刻的影响。

当代建筑设计延续并发展了早期现代主义运动的思想，继续对建造本质进行探讨和实践，但在关注的方向和层面上已有明显的不同，更加注重材料的表现和构造对形式创造的重要性。其中赫尔佐格和德梅隆的建筑在单一的体量之外，追求的是对材料的处理和表现，将材料组合的艺术意味表达在建筑的表皮上。彼得·卒姆托则对单一材料的组合方式和构造情有独钟（见图 1-12）。荷兰建筑师小组 MVRDV 和 UN Studio 同样关注材料、体积和表现的逻辑联系（见图 1-13），北欧等国的建筑师则更重视地方传统建构方式在当代意义上的表现。同时，日本新

图 1-12 彼得·卒姆托设计的瓦尔斯浴场

图 1-13 荷兰建筑师小组 MVRDV
设计的 WoZoCo 老年公寓

一代的建筑师如妹岛和世、坂茂、限研吾等，也将设计直接针对材料，通过组合和建造表现某种一脉相承的意义（见图 1-14）。美国的斯蒂芬·霍尔等人则在作品中表现出在建造上众多材料相互作用的复杂性，并在经济宽松的环境中探索材料表现的某种极致（见图 1-15）。当代建筑师的设计探索需要使其建筑构想深入介入物质领域，在面对各种现实问题的过程中揭示营建的可能性，从而获得由物质世界与人相互作用而产生的确定和丰富的建筑形态。

图 1-14 限研吾设计的 Chokkura 广场

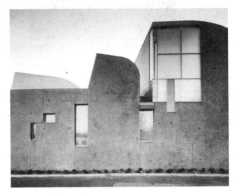

图 1-15 霍尔设计的美国西雅图大学圣伊格内修教堂

1.3.1 结构逻辑——密斯作品中的营建思想

作为早期现代主义的标志人物，密斯在一系列作品中运用其创新性的设计重新诠释了材料、结构和构造。密斯对于技术因素的重视从其在 1928 年的一次讲座中可略见一斑，他说道："我们不是不需要技术，而是需要更多的技术。我们在技术中看到了解放我们本身的可能以及帮助大众的可能。我们不是不需要科学，而是需要一种更具精神性的科学；不是更少，而是更为成熟的经济能量。当人类可以用客观的本性确立自己的地位，并且把自己跟这种地位相连时，所有这一切就会成为可能。"[17] 从 20 世纪 20 年代早期对于砖的苛求，到巴塞罗那国际博览会德国馆中对于石材的演绎以及到美国后的玻璃与钢材之组合，无一不显示出密斯在材料使用上的偏好和对结构逻辑表达的钟爱。

1929 年的巴塞罗那国际博览会德国馆是密斯作品中公认的将材料与空间组织得最完美的建筑。和屋顶、基座的单纯用材相比，德国馆在垂直面上出现了多样而丰富的材质（见图 1-16）：透明度有显著差别的各色玻璃，石材则有罗马灰华岩（Roman Traverline）、绿色提诺斯大理石（Green Tinosmarble，产自希腊大陆上的采石场）、绿色阿尔宾大理石（Green Alpine Marble，主要产自 Valle d'Aosta的采石场）以及金色玛瑙大理石（Onyx Dore，产自阿尔及利亚）（见图

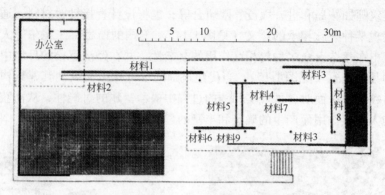

图 1-16　德国馆 1929 年标注墙体材料的平面图[2]

1-17）。它们的加工精度和几何尺寸也达到了惊人的尺度：玛瑙石为 2.35m ×
1.55m ×0.03m，玻璃甚至超过 3.30m ×3.30m，这些加工尺寸即使按照今天的技
术条件来看也很有难度。精湛的技艺使得所用材料获得了一种强烈的平面感和精
确的几何性。这些材料的相互位置关系不仅限定了空间区域，也区分了空间的等
级关系。

图 1-17　德国馆中使用的石材

（a）金色玛瑙大理石；（b）抛光绿色提诺斯大理石；（c）抛光绿色阿尔宾大理石；（d）罗马灰华岩

在密斯看来，构造原则是建筑品质的唯一保证。但作为现代主义的先锋建筑师，密斯也有矛盾的一面，他曾在伊利诺伊理工学院的教学大纲中写道："建筑的不朽法则永远是保守的：秩序、空间、比例。"这里很清晰地表达了他的古典建筑思想，但密斯一直试图在建筑（bauen）和建造艺术（baukunst）之间做出区分。在1946～1949年建成的芝加哥海角公寓（Promontory Apartments）大楼上面就反映出了密斯建筑的理性主义特征（见图1-18）：随着建筑层数的递增，海角公寓大楼立面上突出的钢筋混凝土柱子的断面分四段逐渐收缩，表达随着建筑层数的增加柱子荷载反而减少的受力关系，表现了密斯设计思想中很突出的结构理性主义的一方面。密斯晚期建筑的建构表现趋于向建筑外部发展。在芝加哥湖滨路860～880号公寓大楼（860～880 Lake Shore Drive Apartment）中，密斯在其结构性钢构件外面包裹了混凝土耐火材料，同时在建筑立面上用附着在混凝土耐火材料表面的钢板来再现建筑内部的结构性钢构梁柱（见图1-19）。此外，它的第二框架体系的竖框是用型钢焊接在这些钢板上的，它将整个立面转化为一个连续的幕墙体系（见图1-20）。竖框的运用使建筑结构和表皮保持了它们各自相对独立的特征。

图1-18　芝加哥海角公寓外观　　　　图1-19　芝加哥湖滨公寓外观

密斯的矛盾还体现在他的建筑作品中空间概念与结构处理之间的关系上。仍以巴塞罗那国际博览会德国馆为例，主厅的钢柱其实是通过柱顶部的八角形钢板与由钢梁组成的网格形框架相连接，八角形钢板与柱子是铆接在一起的，可是这些交接关系全部被隐藏于吊顶上方。那些不利于空间概念表达的结构（屋顶的钢梁）被隐藏起来，而有利于空间概念表达的构件（十字钢柱）则被突显出来（见图1-21）。密斯将真实的结构关系包裹起来，通过对拥有光洁华丽表面材料的精妙运用，将人们的注意力引向建筑元素的表面，而不是构件之间的结构关系。密斯这种隐藏某些真实结构关系的表达方式遭到了弗兰普敦建构理论的强烈批评。在弗兰普敦看来，"虽然从技术角度和视觉角度来说，柱支撑都是德国馆结构处理的关键元素，但是支柱与荷载的本体关系却没有得到应有的表现"[18]。

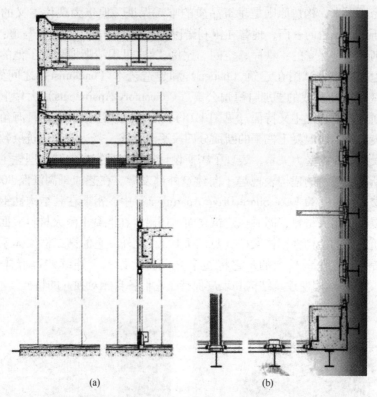

(a)　　　　　　　　　　(b)

图 1-20　湖滨路 860 ~ 880 号公寓大楼剖面细部[2]

（a）竖向剖面细部；（b）水平剖面细部

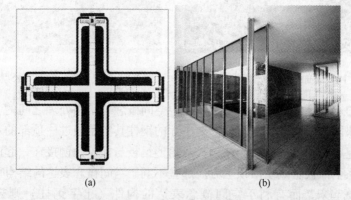

(a)　　　　　　　　　　(b)

图 1-21　德国馆细部十字柱平面及垂直板片与十字柱分离

（a）细部构造；（b）十字柱平面垂直板片与十字柱分离

因此他称德国馆是"非建构的（atectonic）"，就是说建筑的建造性实质与它给予人的感官知觉之间的契合度较小。虽然德国馆反映出密斯在建筑创作过程中设计概念的矛盾之处，但他对于建筑艺术中建构性的关注是毋庸置疑的，他对于精密技术的运用和材质的组织使建筑展现出了强大感染力，更使其多项作品成为现代主义建筑的经典之作。

1.3.2 细部建构——斯卡帕作品中的营建思想

路易·康曾说："在斯卡帕的作品中，'美'是第一感受，'艺术'是第一评论，而后惊叹'形式'的意涵，各元素浑然一体。设计师从自然，赋予各元素气质。一件艺术品是形式的整体表现，是各元素的和谐。在这些元素中，节点给装饰以灵感。细部倾诉着对本质的赞叹。"斯卡帕是一位塑造细部的大师，"上帝也在细部之中"是斯卡帕的创作宣言，对于斯卡帕来说，建筑的全部涵义都孕育于细部之中，总体与细部的和谐一致关系是斯卡帕建筑的最大特点[19]。

斯卡帕喜欢在其建筑中使用自然的材料，让所有的节点暴露，并使之具有装饰的价值（见图 1-22）。斯卡帕非常强调节点，甚至认为所谓建筑就是由节点所连接的各部分的集合，节点表现出建筑的各要素之间是怎样相互吸引与相互排斥的[20]。对他来说，柱子与天花板的交接，墙壁转角处的端头，墙与地面的相交，都是将材料与结构特性的美发挥至极致的动机，这些节点不应该被隐藏起来。节点构造在他的设计中扮演了重要的角色。正是这些节点部位的细致刻画，才形成斯卡帕建筑细腻精致的风貌。

图 1-22 斯卡帕作品中的节点[19]

在节点构造中斯卡帕清晰表达出了其结构逻辑。例如在卡斯泰维奇（Castelvecchio）城堡博物馆的改造中，斯卡帕用混凝土钢架以断裂与层析的方式构筑出情理之中又出人意料的奇妙景象：楼板的重量先承载在两条相互正交的混凝土梁上，再通过一个特殊的钢托架传递给位于中央的巨型钢梁。这根巨型的钢梁贯穿五个展室，将空间连成一体，保存各个展室的真实性。此外，这根巨型的钢梁支撑在两根混凝土梁的相交处，强调了方形展室的特性。为了既保持历史原貌，同时又符合展览的需要，展室的门窗在内外两侧采用了两种完全不同的形式，呈现在外立面的门窗保持了原有的哥特式风格，而相对应的室内一侧则采用了新式的、具有风格派构成方式的门窗，两种门窗系统构成了形式上的并置（见图 1-23 和图 1-24）。斯卡帕在设计中对于建筑所有细部的精确控制，正是由于他

图 1-23　新与旧的并置——窗　　　　图 1-24　新与旧的并置——门

对技术上的因素给予充分注意，建筑作品才显得富有合理性、表现力与亲和力。

斯卡帕对节点处理的专注在维罗纳大众银行（Babca Populare di Verona）的设计中达到登峰造极的地步。在这个复杂而又紧凑的建筑中，典型的斯卡帕锯齿线脚俯拾皆是，不仅出现在建筑顶层柱廊的檐部，而且也被用在石头基座的上方。在基座的烘托下，城郭般的建筑形象上结实的石质窗套及其充满砌筑秩序的节点到处可见（见图 1-25）。在其他部位，节点则成为一种提升和调节立面比例的手段，立面的韵律关系与整体构图的切分秩序紧密联系在一起：第一个对称轴线出现在顶层柱廊左边第一跨的跨中部位，同时也与檐部凹线脚的中心线正好吻合。随着视线向下移动，轴线关系经过那根巨型钢梁的中心部位传承至圆窗及滴水石条，最后与矩形窗户的左侧线脚合而为一。在银行的立面设计中，差异不仅存在于平整的墙体表面和粗糙的墙体表面之间，而且也体现在灰泥墙面与五块石材组成的圆形窗户的抛光石材边框的对比之中。在每个大理石圆形窗框下面，都有一根红色的维罗纳大理石形成的细细的线条，墙体夹层中的雨水管从这里伸出墙面（见图 1-26）。由于这些线条的存在，建筑立面不仅能够更好地经受风吹雨打，而且从一开始就将雨水流淌的

图 1-25　维罗纳大众银行立面外观

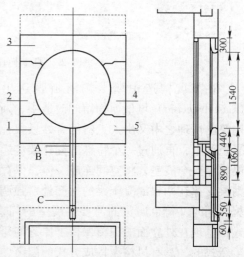

图 1-26　维罗纳大众银行窗户细部构造[11]

痕迹作为建筑在时光流逝过程中不可避免发生的表现手段。

在设计中，斯卡帕总是先把构造梳理清楚，再以新的连接方式进行整合。对他来说，建筑的新精神来自于对重建整体的各连接方式的重新发现。他作品中精美细腻的细部和充满诗意的表达深深感染着后来的设计师，正如安藤忠雄所说的："……他所关注形式问题和材料使用方式，欲去发掘万物深层隐藏的东西，表达由内部向外涌淌的力量。可以说没有其他的建筑师是这样想问题，而这正是我所感兴趣的。……"

1.3.3　诗性建造——赫尔佐格和德梅隆作品中的营建思想

建筑师赫尔佐格（Herzog）和德梅隆（De Meuron）是一对很独特的组合。和大部分建筑师不同，他们的设计并不是从建筑的形状和外观出发，而在设计和建造的开始就超越了抽象的理论和风格的标贴，关注的是存在于所有建筑与建造活动中的基本问题——材料、构造、空间、场所，正如他们的宣言"我们并非在建筑中寻找含义，建筑就是建筑本身"，建筑的任务就是以其清晰的空间、结构和构造向人们展现建筑原本的面貌。在他们看来，建筑是"基于建造规律与诗性实践之上的材料、方法、过程和结果的总和。他们的建筑表现出的那种简洁外形、巧妙结构、精美表皮、感性材质等特征，体现了建筑师对于工艺、细部、材料设计及建造高质量的追求"[21]。赫尔佐格与德梅隆的建筑是基本的，但又是特殊的，他们将基本的建造及其诗性的表达结合在一起，创造出大量个性鲜明的建筑作品。

位于瑞士劳芬（Laufen）的瑞科拉仓库（Ricola Storage Building）是赫尔佐格和德梅隆的早期作品，项目虽小却可从中看到他们对它的精心构筑。这是位于一个采石场的存放药酒的库房，建筑主体是一个简单的矩形平面，被放置于人工搭建的枕木平台之上，以使建筑适应场地西高东低的倾斜坡度。库房外立面由排列整齐的横向石棉水泥板构成（见图 1-27），简洁的建筑体量，加上外立面垂直和水平构件

(a)

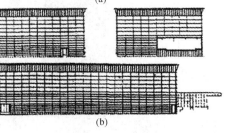

(b)

图 1-27　瑞科拉仓库外观及立面图
（a）外观；（b）立面图

的划分，这座库房看起来就像一个巨大的
储物架，建筑外观在一定程度上暗示了其
内部功能。细看瑞科拉仓库的转角，可以
发现赫尔佐格和德梅隆并未按照任何一种
先入为主的关于形式的设计取向来塑造这
个转角，两片墙的相交简单而直接，反而
造就了一个美丽的节点（见图1-28）。在这
个建筑中，结构与构造的形象成就了建筑

图1-28　瑞科拉仓库墙面细部

的形象，而建筑内部简单的矩形空间则是建造的直接结果。

　　赫尔佐格和德梅隆的建筑非常注重建筑的营造性，表现为建筑的结构和构造
设计的逻辑性和秩序性以及对于材料、细部和建造技术的高度重视。他们的建筑
作品不仅在结构和构造设计上构思巧妙，构件的布置与连接也使结构的受力特征
清晰地体现出来，材料、结构、构造和技术作为建造的要素不仅仅是支撑起建筑
的受力体系，而是建筑师创作灵感的重要来源。此外，赫尔佐格和德梅隆还有意
识地将独特个性表达的元素注入建造的每一种材料、每一个细节、每一个过程之
中，赋予建筑以单纯建造逻辑性以外的美学特征，从而产生了丰富多变的建筑形
态。诸如伦敦拉班现代舞中心（Laban Dance Center）、东京普拉达青山精品店
（Prada Tokyo）、旧金山新笛洋美术馆（De Young Museum）、考特布斯大学图书
馆（Cottbus University Library）等作品，将建造的"诗意"发挥到了极致。东京
普拉达青山精品店如同一座由菱形框架和数百块玻璃构成、犹如水晶般的"玻璃
之塔"（见图1-29）。建筑表皮在这座建筑中除了作为一种光学实验的效应和特
殊的外观装饰之外，实际上还参与了建筑的结构体系：菱形框架在演绎外观风格
的同时，也是建筑结构的一部分。它与建筑的垂直方向的轴心（交通核）相联
系，共同支撑着屋顶。建筑的空间和结构外形融为一体，极好地体现了空间和建

图1-29　东京普拉达青山精品店

造两者间互补互动的共生关系。

赫尔佐格和德梅隆设计的北京 2008 年奥运会主体育场被国人形象地比喻为"鸟巢",它的外形也确实如同一个树枝织就的鸟巢（见图 1-30），建筑表皮表现为以透明材料覆盖灰色钢结构体系的完整连续的表面，映照出内部土红色的碗状看台。建筑的结构体系显露于外成为表皮的重要组成部分。建筑师在满足建筑的特殊功能要求的同时，也造就了高品质的内部空间和独特的建筑形象。正如普利策奖评委卡洛斯·吉米尼（Carlos Jimenez）对他们的评价："赫尔佐格与德梅隆的作品最突出的特点是具有令人吃惊的能力。普通的形体、材料或基地环境，经他们的设计，即转变为真正非凡的奇观。那种对于建筑本质的不懈探索与研究的精神，使他们的作品同时表现出对现代主义传统的记忆和创新。"[22]

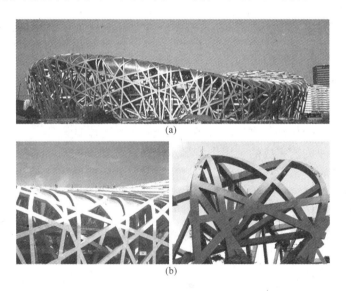

图 1-30   北京 2008 年奥运会主体育场"鸟巢"

(a) 外观；(b) 细部

第2章　建筑学教育演变与营建教学发展

2.1　西方建筑学教育中的营建思想与实践

2.1.1　职业化的营建体系发展

"建筑师"这一职业称呼早在古希腊、古罗马时代就已经出现，现代建筑师名称就是源自希腊语。不论古埃及还是古希腊，建筑师的起源都是工程的组织者和技术专家，其需要掌握的相关知识包含了城市与公共建筑建设、军事技术、时间和天象观测技术、机械制造等。古罗马时代的建筑师是"伟大的职业"，"建筑学的主要内容是三项：建造房屋；制作日晷；制造机械。"维特鲁威在《建筑十书》第一书中指出建筑师应具备多种素质："建筑师要具备多学科的知识和种种技艺。以各种技艺完成的一切作品都要依靠这种知识的判断来检查。它是由手艺和理论产生的。……，建筑师应该擅长文笔，熟悉制图、精通几何学，深悉各种历史，勤听音乐，理解哲学，对于医学并非茫然无知，通晓法律学家的论述，具有天文学或天体理论的知识。"[23]

中世纪城市的兴起和大型建筑、多样化的建设投资者带来了大量的建设和丰富多样的建筑类型，建造更高、更大的城堡和教堂成为砖石匠们大显身手的舞台；同时，在传统的坚固、适用、愉悦之外提出了一个全新的建筑学的命题：建筑物如何为日常生活服务，如何在有限的、拥挤的城市空间中安置大量的人口，即城市建筑中建筑学的功能性问题和资源性问题。功能的人性化和有效性、空间的经济性、材料的资源性等要求成为建造技术的重要依据。自11世纪下半叶开始，为了管理越来越复杂的建筑工地，出现了专职的建筑师（即石匠中的"大匠"，"Master Builder"），他们作为学识丰富的建造专家、建筑工程的设计者和施工管理者（见图2-1），介于出资人和石匠等工匠之间，需要熟悉几何、材料、技术，并控制建筑物的总体形象和细部装饰，绘制图纸或制作模型与业主和施工人员沟通，管理工地并定期付给工人工钱，以保证工程顺利完成，同时还要控制造价、工期和建造组织，是营造现场的技术负责人和营建工头。因此，利用角尺和圆规制作设计图纸、画样模板，利用黏土和木材制作建筑模型，熟悉工地建造材料、工序和工匠（主要是木匠和砖瓦匠）以指挥施工现场，就成为建筑师的职业必修技能。工长建筑师的培养多通过建造实践的总结和师徒相传，建筑的理

图 2-1　欧洲中世纪建筑活动中的大匠

论多限于经验、技艺的总结。

　　文艺复兴时期的建筑师可以说与中世纪的建筑传统背道而驰，"风格不再依赖于技术条件，而是建立在一些高等美学原理、一些抽象概念——对称、比例，以及一门词汇句法严格规范的语言——次序系统的基础上。"[24] 在代表城市和贵族身份的大型公共建筑和纪念性建筑中，建筑设计脱离单纯的技术条件而由美观的法则和建筑师的意志来设计；同时由于对古希腊、古罗马遗迹的考察和对古典建筑著作的研究，使古代的柱式、穹顶等形式语言和对称、比例等基本规则得以复活。建筑师需要通过剖面图、透视图、带有比例的详图和模型首先制定一个精确的设计方案，然后再指挥工地施工建造。由于建筑师所需要的制图技巧的要求，建筑师逐渐不再是出身于工地的技师，而更多的是一位精通制图的画匠，建筑教育始于制图训练、规则学习和理论研究。以达·芬奇、米开朗基罗等为代表的画家和雕塑家，以勃罗乃列斯基为代表的金银匠，以阿尔伯蒂为代表的研究建筑理论和制图的贵族精英，使得对形式的敏感和创新、对规则和理论的研究成为其成为伟大建筑师的前提条件，建造实践和工长不再是唯一的建筑师出身之地，建筑师的地位也获得了极大的提高，建筑学也突破了中世纪以技术理性为基础的建筑形式和美学，使之从一门实践的技艺上升为一种科学和艺术[25]。

　　自欧洲文艺复兴之后到工业革命的 200 年左右是建筑师及其行业制度从萌芽至成熟的关键时期。随着工业革命的深入，城市在扩大，相应行业的科学技术和现代意义上的科学体系逐步形成。与此同时，建筑设计与工程施工逐步分离，设计的深度增加，难度加大，其专业化与综合化特征也凸显出来，行业中出现了建筑设计师、规划设计师、景观设计师以及室内设计师等不同分工。建筑师从原来"大包大揽"的全能者转变成为具有相对明确专业领域的设计者，但由于建筑设计专业的统筹特性决定了建筑师仍然是建筑工程领域的综合调配者。正如意大利建筑师奈尔维所说的："建筑师不必对一切细节都具有专门知识，但他对建筑工业的每一部门都应该具有清晰的一般概念，这正如一个优秀的交响乐队指挥，他必须懂得每一乐器的可能性和局限性。"[26]至 20 世纪，建筑师职业制度逐步正规化。国际建筑师协会（UIA）将建筑师实践的范围明确为："规划、土地使用、城市设计、策划研究、建筑群或单栋建筑物的设计、技术文件编制、专业协调、合同管理、施工指导和监督等方面。"[27]并且指出其工作范围不仅包括新建项目的设计和建造，而且涵盖建筑的改扩建、保护和修复等。建筑师的工作涉及咨询、设计、管理和其他服务，是贯穿建设全过程的一种综合服务。从这个角度而言，建筑师逐步成为面向市场的技术设计和管理相结合的智力咨询服务人员。

2.1.2　西方建筑学教育分化与营建教学启蒙

建筑师这种专门人才的出现使得建筑学作为一门专业得以确立，建筑师所掌握知识的全面性和独特性又使得建筑学区别于其他学科而成为一门独立学科，并拥有特定的知识和实践体系。建筑师学会的成立则能规范行业，建立一系列行业规范，而这一学科的传承和创新则需要建筑学教育。在现代建筑学教育中，有两个影响流传深远的教育体系，即"巴黎美术学院"和"包豪斯"[28]。"巴黎美术学院"俗称鲍扎学院，其学术思想和教学方法作为一种建筑学派，常常被称为"学院派"。学院派发展出了一种"注重思考"的传统，这种传统强调社会、历史、艺术、文化等的价值，认为技术只是实施手段，更为重要的是设计思路与概念的创新，这种倾向性使不少年轻建筑师轻视甚至是无视新技术、新材料的作用。而"包豪斯"体系则形成了具有不同倾向特征的建筑学教育模式，它注重建造技术与工艺的研究学习，强调技术、材料和功用，并认为这三者是设计师创作的本源，也是建筑师决策的依据。学院派是世界范围内最早的正规建筑学教育体系，也是中国近代以来建筑学教育的主要来源。而注重"制作"传统的包豪斯学校，其出现则标志着现代主义建筑学教育的起源。

2.1.2.1　"鲍扎"教学体系及其影响

17 世纪后期成立的法国"皇家建筑研究会"（Academie Royale d'Architecture）是一个以制定强制性的建筑理论条规和建筑教育为目的，服务于中央权力的强有力的机构，它标志着现代建筑学教育的开端。1819 年建立的巴黎美术学院（即"鲍扎学院"）（École des Beaux-Arts，1819 ~ 1968 年）则确立了学校书本教育和校外学徒实习相结合的"工作室教育体系"（Atelier System），见图 2-2，同时也确立了艺术作为建筑和艺术家化的建

图 2-2　巴黎美术学院

筑师的建筑观念，成为欧洲乃至世界古典主义建筑学的摇篮和中心，对建筑学的教育及设计文化产生了深刻影响。

巴黎美术学院分为两个学部：一是建筑学部；二是绘画和雕塑部。其中建筑教授数量是 4 名，分别讲授理论、艺术史、营造和数学。"鲍扎"建筑学教育是两种不同教育理念的融合，即"学院（academy）"和"工作室（atelier）"两种教学方式，学院是一种学术研究机构附带教学功能，而建筑设计训练则沿用了中世纪行会的师徒制，即工作室方式[29]。这种理论学术研究和设计训练教学的结合形成了现代建筑学教育沿袭的经典模式，所培养出来的是不仅具备专业理论素质，而且具备实际操作技术的职业建筑师。

虽然发明和实施鲍扎教学方法的是法国人，但是成功地证明了该方法之效用的是美国人。1857 年，美国建筑师成立了美国建筑师学会（American Institute of Architects，简称 AIA），总部设在纽约。在美国正式院校建筑学教育出现之前，建筑师的培养是通过在事务所实习，以类似于中世纪"学徒制"的方式传授建筑设计以及建造知识的。"而第一个真正集中在绘画、建筑设计与建造技术方面的课程班，是理查德·莫里斯·汉特（Richard Morris Hunt）在纽约第 10 街的工作室开设的。汉特曾经在巴黎美术学院受过良好的建筑与艺术教育，19 世纪 50年代以来，一批南北战争以后出现的著名建筑师，都曾受到过汉特的影响，甚或直接出自他的门下。"[30] 汉特的学生威廉姆·罗伯特·威尔（William Robert Ware）1865 年创立了美国第一个建筑系——MIT 建筑系，之后一些大学也纷纷开设建筑系：伊利诺伊大学（1867 年）、康奈尔大学（1871 年）、哥伦比亚大学（1880 年）等。美国早期建筑系的教育，虽然也受到了巴黎美术学院的影响，但更侧重于与建筑实践相联系的职业教育。

宾夕法尼亚大学（University of Pennsylvania，以下简称宾大）于 1890 年创立建筑系。有两个人把巴黎美术学院的传统带到了宾大：一个是管理者瓦伦·莱尔德（Warren Laird），他带来了在巴黎学习到的传统，更强调专业性教育；另一个是保罗·克莱特（Paul Cret），他则坚持建筑的艺术性。他们并没有对巴黎美术学院的教育传统循规蹈矩，而是力图吸收西方教育的精华，以塑造一个全新的美国式建筑学教育（见表 2-1）。尽管莱尔德在巴黎受到过严格的专业教育，但他并没有试图在宾大重塑一个纯粹的巴黎美院体系，例如，他没有将教师简单地划分为技术性的或纯艺术性的两个领域；他认为建筑学教育必须兼顾艺术和技术两个方面。保罗·克莱特是宾大建筑系最著名的教师，他指导学生连续四年获得全美巴黎大奖，他也是我国著名建筑师杨廷宝的设计教师和硕士导师。克莱特受业于巴黎美术学院，他按学院派的方法传授学院派的设计，并用同样的方法进行创作。他并不是一位革新者，但设计了许多不同风格的作品，是一位极有才华的折中主义建筑师。他传授给学生建筑知识和设计好建筑的敏感。他的唯美倾向十分明显，但并不排斥技术因素，认为建筑师与结构工程师的关系是合作关系。

表 2-1　宾夕法尼亚大学建筑系课程[31]

专 业 课	构 造 课	绘 画 课	建筑历史课
设 计	力 学	徒手画	古 代
建筑图案	木 工	水 彩	中世纪
建筑元素	石 工	历史装饰	文艺复兴
建筑构造	铁 工		现 代
	图式力学		油画与雕塑史
	构造原理		
	建筑卫生学		

2.1.2.2 "包豪斯"教育模式："车间"到"工作室"

如果说"鲍扎"是建筑样式教育和绘图表现训练的典型代表，那么代表着建筑学教育制造和工艺追求的最著名的代表则是 1919 年格罗皮乌斯在魏玛创立的国立包豪斯学院（Bauhaus School）[32]。"Bau"源自中古高地德语，意思是"建设，建筑"，"Haus"意思是"房屋"。将"bauhaus"作为新学院的名称，目的是要唤起人们对中世纪的"Bauhütte"或"石匠之家"的回忆。

在 1919 年的《包豪斯宣言》中，格罗皮乌斯倡导"整体艺术作品"（gesamtkunstwert）或称作"大建筑"，它由建筑师、雕塑家、画家协作完成，而建筑师、雕塑家、画家必须回到手工艺师，从而完成现代制造工艺、机器生产方式和崭新设计的结合。1923 年，格罗皮乌斯借包豪斯展览会之机赠送其著作《包豪斯的设想和组织》，该书系统论述了包豪斯的教育组织（见图 2-3），其教学科目

图 2-3　包豪斯的课程体系

的内容和阶段设置见表 2-2。

表 2-2　包豪斯初期的课程设置[33]

序号	工艺课程	造型教育	辅助课程	课　程　阶　段
1	石	观察： 1. 自然研究； 2. 题材研究	从古至今，整个艺术与科学领域的各种讲座	1. 预备教育：在车间结合材料进行研究的基础造型教育，为期半年。期满后取得实习车间的入学资格
2	木			
3	金属	表现： 1. 制图学； 2. 构造方法； 3. 所有立体施工图和模型制作		2. 工艺教育：缔结正式徒工合同，在一个实习车间内进行工艺教育和辅助造型教育，为期三年。期满后有资格在手工艺协会或必要的场合领取包豪斯技术证书
4	黏土			
5	玻璃			3. 建筑教育：在实际建筑施工现场的手工协同作业和对特别能力的技工进行自由的建筑训练。期限根据成绩以及特定情况来确定。在建筑现场与实习现场交替进行工艺教育和造型教育是有益的。期满后，有资格在手工艺协会或必要的场合领取包豪斯师傅证书
6	色彩	构成： 1. 空间论； 2. 色彩论； 3. 构图论		
7	织物			

1925 年包豪斯迁往德绍后，在 11 月公布了新的教育体系。魏玛时期的预备课程改称基础课程，之后学生进入车间学习，接受讲授艺术的"形式导师"（master of form）和传授手艺的"作坊导师"（master of craftsman）的共同指导。德绍包豪斯的车间已经建设比较齐备，分为家具车间（原木工车间）、壁画车间（康定斯基任形式导师）、金属车间、印刷车间、编织车间、雕塑车间、舞台车间（见图 2-4）。1925 年的教育体系和 1926 年颁布的章程都写着："两学期的基础教育、六学期的主要教育结束以后，有才能的人方能得到进入建筑课程的资格。"在格罗皮乌斯时期，建筑学教育一直没有占据核心位置。

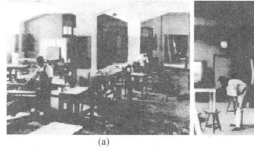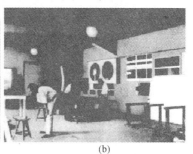

(a)　　　　　　　　　　　　(b)

图 2-4　包豪斯的家具车间和壁画车间[32]

(a) 家具车间；(b) 壁画车间

1928 年汉内斯·迈尔接替格罗皮乌斯担任院长后，着力于充实建筑系，并将建筑学教育建立在科学的基础上。汉内斯·迈尔明确了建筑系九学期的教育：

第一学期为预备课程；第二、三学期在培养手工能力与造型能力的车间（金属车间、木工车间、壁画车间）实习；第四、第五、第六学期在建筑师"全部生活过程的造型"这一原则下，向已经积累了一定知识的技工们进一步传授关于造型方面的知识；第七、第八、第九学期，是在建筑工作室培养专业建筑师的教育，这时期的建筑学教育已经和现在工科大学的建筑学教育类似。

在迈尔担任包豪斯院长期间，确立了建筑系的首要位置。1930 年密斯接任后，从建筑系的教学大纲（表 2-3）来看，包豪斯的建筑学教育紧密联系新材料与新技术，与学院派的建筑学教育截然不同，然而在包豪斯 1919 ~ 1933 年短暂的办学过程中，建筑学教育直到 1928 年才占据了学校教学的核心地位，格罗皮乌斯的继任者迈尔和密斯开始现代主义建筑学教育的探索，然而由于政治原因，包豪斯学校于 1933 年被迫关闭。

表 2-3　密斯任内包豪斯建筑学教学大纲[33]

学习阶段	课程
第一阶段（第一学期）	实践指导
	描述几何学
	再现画
	字体
	材料科学
	色彩理论
	工地实习
第二阶段（第二、三学期）	结构设计
	材料强度
	静力学、钢和钢筋混凝土建筑结构
	热环境、建筑通风、采光
	成本估算
	家具结构
	透视学
	色彩理论
第三阶段（第四~七学期）	小住宅设计
	住宅、办公建筑、旅馆、学校设计与构造
	材料强度
	钢结构与礼堂、体育馆、飞机库结构
	室内设计
	公寓、独立住宅、旅馆装修
	家具设计
	材料组合

　　包豪斯要求每个毕业生掌握一门手艺，而这个要求已经不仅要求学生手工熟练，更加重要的是对现代化工业生产的熟悉和对新材料的掌握。包豪斯的实践训练和技艺——工厂式现场教育通过制作来认识、追求实践真理，强调了工艺、技术、艺术的和谐统一，打破了艺术和手工艺、艺术和普通大众的藩篱，开创了基于现代社会和工业生产的艺术和艺术家的培育方式，培养了一批既通艺术又懂生产、服务于大众的现代设计师。

2.1.2.3　ETH 式教学与"苏黎世模型"

　　19 世纪的德国建筑师和建筑理论家戈特弗里德·森佩尔（Gottfried Semper）是瑞士苏黎世联邦高等理工学院（Eidgenössische Technische Hochschule Zürich，以下简称 ETH）的早期奠基人，他的理论研究在 ETH 的实际建筑教学中起到了框架性的核心作用，对后世的营建教学也有着一脉相承的联系。ETH 的综合实力在德语区内的院校中名列前茅，而该校的现代建筑学教育则更为突出，一直走在最前沿。它的教学思想和方法对欧洲和美国的建筑学教育都产生过较大影响，形成了以严谨的职业建筑师训练为目标，以瑞士当代建筑实践为基础，以建立整体的建筑观并以建筑空间发展为主线的、结构有序的基础教学体系，即"苏黎世模型"（Zurich Model）。在这种体制下培养出了一批在世界范围内有广泛影响的建筑师，如贝尔拉格、卡拉特拉瓦、屈米、赫尔佐格和德梅隆、卒姆托等。

　　ETH 的历史经历了两个主要的阶段。第一个阶段是早期的建立，森佩尔正是当时苏黎世联邦高等理工学院建造学校的奠基人。森佩尔于 1855 年接受 ETH 的教授职位到该校任教，并在此一直工作到去世。森佩尔关于建筑原型的类型学理论与他对建构、风格、技术和彩饰法的研究以及独特的人类文化学视角（详见 1.1.2 节），都深深地影响了 ETH 的教学传统。ETH 发展的第二个决定性阶段在 20 世纪 50 年代（1951~1958 年间）。美国得克萨斯州立大学建筑系在系主任哈里斯的带领下，本哈德·赫斯利（Bemhard Hoesli）、科林·罗、约翰·海杜克（John Hejduk）和 W. 塞里格曼（Werner Seligmann）等一批当时还默默无闻的年轻教师提出了一个大胆的建筑教学改革计划。学校的师生以当时正在放映的电影《得州骑警》（Texas Rangers）来称呼这一群激进的年轻教师[34]，这多少代表了这群教师的基本特点：强调设计本体，有敏锐的空间感和形式感。在他们的改革实验遭到挫折的时候，其中的成员各奔东西：科林·罗前往康奈尔大学；约翰·海杜克担任了库柏联盟艾文钱尼建筑学校的校长；而本哈德·赫斯利则回到故乡瑞士。1969 年，赫斯利受聘于母校 ETH，并将在美国的理想和经验引入了这个以严谨的职业建筑师教育著称的学校，使 ETH 的建筑学教育，特别是基础建筑学教育，走出了传统的禁锢，走向了现代建筑的最前沿。

　　作为 ETH 建筑设计教学的开创者，森佩尔的思想对早期 ETH 的教学有着重要的影响。在自己的工程实践和与那个时代伟大的哲学家、艺术家交往的过程中，森佩尔确立了独特的文化人类学视角和对建筑本质探寻的志向。当时人类在工业发明、生物学、哲学等方面都有了突飞猛进的发展和进步，在这个大背景下，森佩尔吸收了这些时代精神，并体现在他的艺术理论中。森佩尔的建筑理论摆脱了文艺复兴以来脱离建筑本体，从外部规则考量建筑的风格形式观，将目光转向建筑本体和材料、构造、起源、风格等问题，用建构的态度思考建筑问题，这对于当时的建筑界来说应该是一个另类的声音。教学是传播理论和方法的重要手段，当森佩尔接受 ETH 的教授职位后，他的思想在 ETH 得到传播。

　　ETH 发展中的两个决定性阶段同时也导向了两个不同的认识方向。在森佩尔建构理论思想影响下，ETH 形成了重视材料、构造、空间、表现以及形体的材质化，重视历史和建造环境的思路。而赫斯利则综合了他在美国的教学实践经验，将空间转化为语言并使之可教。这些思想被毗邻意大利的提契诺（Ticino）学派继承发扬。这里的建筑师多数在德语区的 ETH 学习，但在受意大利新理性主义影响，又在接近意大利民俗和文化背景的地区实践，因此有与众不同的双重背景，也设计建造了一批特点鲜明的建筑杰作。他们传承赫斯利清晰的建筑词汇、严谨的建造逻辑等特点，并结合环境和城市进行设计。这些建筑师包括马里奥·博塔（Mario Botta）、马里奥·堪培（Mario Campi）、多夫·施奈布里（Dolf Schnebli）、吕基·斯诺兹（Luigi Snozzi）、利维奥·瓦契尼（Livio Vacchini）等。

　　从 20 世纪 20 年代起，ETH 从一年级即以项目设计为教学手段。赫斯利到 ETH 后，创立并发展了建筑入门教育——"grundkurs"（基础课程）。在结构上将课程分为三类：建筑设计、构造、绘画与图形设计。教学目的有四个方面：第一，基本表现方法训练，如绘图和模型制作；第二，空间意识和空间思维的培养；第三，建筑师及建筑设计的工作方法入门；第四，建筑材料和构造的认知。赫斯利负责 ETH 建筑基础教学长达二十多年直到 1981 年，其教育方法和思想理论产生了良好的教学效果。从 1985 年起，在继承赫斯利教学体系的基础上，克莱默将设计和构造课合二为一，发展了一个以瑞士当代建筑实践为基础，以建立整体建筑观为主要目标，以建筑空间发展为主线的结构有序的基础教学体系，即"苏黎世模型"。

　　"苏黎世模型"（见图 2-5）是一个卓有成效的建筑基础教育体系，它分为教育模型（educational model）、理论基础（theoretical base）、操作模型（operational

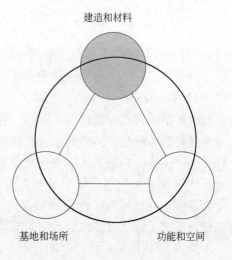

图 2-5　苏黎世模型[35]

model) 及参照环境 (reference environment) 四个部分。教育模型是互动的，教学的过程、方法和手段都随教师、学生和环境的需求变化而变化。"苏黎世模型"的理论基础是现代主义运动，他们对现代主义的理解表现为三个方面的相互关系，即建筑形式是功能和空间、构造和材料以及基础和场地相互作用的结果，其操作是由浅到深，围绕三种关系进行，针对这三对概念精心设计练习，并在此基础上进一步掌握诸如系统、比例等其他建筑概念。瑞士的建筑学教育总是从明确的问题开始，针对特定的环境进行设计。环境自身的特点是对建筑形式的限定。之所以引入参考环境，重视环境限定，主要是来自达尔文生物进化论在建筑学中的引入和森佩尔基于人类文化学的建筑理论。"苏黎世模型"强调整体的建筑观，所有题目都基于同一环境，分为若干个作业，每个设计既是环境影响的结果，又是下一个设计的环境要素。这使学生在设计过程中总能关注环境和建筑的相互关系。

ETH 的教学经历了几个阶段的变化，从早期森佩尔重视材料和建构理论，到后来成熟的"苏黎世模型"，尽管教学的思想和中心总在随着时代的变化而变化，但是有一点始终体现在教案中，一直贯彻下来，那就是设计和构造的关系，这是从森佩尔开始就确立的教案的主导思想，直到现在仍然是教学的重点内容。ETH 从 19 世纪至今培养的建筑师的特点之中，可以观察到这个贯穿的教学思想。从贝尔拉格对砖及其构造的精妙处理，到赫尔佐格和德梅隆探索的材料构造与现实、视觉表现的关系，尽管从对材料构造的直接表现进化到通过对材料和构造方法的处理，在形式中再现材料和构造的意义，但是材料和构造始终被视为建筑设计的基础。从赫尔佐格和德梅隆、卒姆托等建筑师的作品中可以看到森佩尔对德语区的影响。而赫斯利的建造类型和思想则更多地影响了瑞士南部意大利语区的建筑师，主要是提契诺学派的建筑师。在对待材料和构造的问题上，尽管两者方式不同，但是可以看出材料和构造在他们设计中所占有的举足轻重的地位，在这一点上是相同的。也就是说，森佩尔所确立的设计与材料、构造关系在 ETH 和它培养的建筑师的实践中得到了体现。

2.1.3　当代西方建筑学教育中的营建体系

2.1.3.1　德国当代建筑学教育中的营建教学

德国的建筑学教育偏重于科学和文化的研究，教学中理论性强，重视技术和艺术，强调发现问题和解决问题的能力，教学是示范性的，要求学生主动学习。建筑教学与建筑职业结合紧密。有的院校把建筑学教学与工程教学结合起来，有的学校把建筑学、工程、艺术等专业结合起来，如多特蒙德大学建筑学院的教学被称作"多特蒙德模式"，即建筑师和工程师一起培养。包豪斯初期创建的教学模式并没有随着包豪斯的消失而失去生存空间，而是不断发展和完善，出现"理论教学"和"工作室教学"相结合的教学模式[36]。

柏林工业大学（Technische Universitat Berlin，简称为 TU Berlin）是德国最大的工业大学之一，该校大约 20% 的学生来自国外。柏林工大的教学组织是以教授为中心的"学院—研究所—研究室"三级模式。目前建筑系的研究室有 25 个，包括表现与造型设计研究室、建筑理论研究室、建筑和城市建设史研究室、设计与构造研究室、建筑法规研究室、视觉艺术/立体造型研究室、设计与室内空间设计研究室、区域规划与城市更新研究室、设计与建造技术研究室、全球语境下的建筑设计研究室、历史建筑研究室、结构设计与构造研究室等。CoCoon（Contextual Construction）是柏林工大建筑系下的一个跨文化和跨学科背景的教学、研究、实践机构，成立于 2005 年。其成立源于两个实践项目——"学生在墨西哥和厄瓜多尔的建造"与"学生在喀布尔的建造"。CoCoon 关注发展中国家，对阿富汗、阿尔及利亚、巴西、喀麦隆、智利、中国、哥伦比亚、印度尼西亚、墨西哥、蒙古、乌兹别克斯坦、秘鲁、南非、委内瑞拉等地的地域性建筑展开研究，其中"学生在墨西哥"课程开始于 1998 年，课程针对建筑系的学生开设，同时也吸纳土木工程系和景观系的学生参加。该课程将设计、构造与建造实践相结合，关注特定地区的文脉，并将学习与社会义务相结合。课程进行跨学科、跨国、跨文化的合作，年轻的建筑师、工程师和规划师通过富含创造性的工作与训练，体会学校所学与实际工作的差异。冬季学期，学生需在学校完成从构思到方案深化的过程，并在来年的 2 月中旬到 4 月中旬的冬季假期进行现场实地建造；夏季学期完成整个设计和建造过程的整理记录。此课程的经费完全依靠社会捐助。柏林工业大学建筑系在墨西哥的建造课程为期十年，课程的内容从小住宅建造、学校教室建造到教堂的修复，跨度很大（见表 2-4）。

表 2-4 2002~2010 年柏林工业大学建筑系在墨西哥的建造课程

年代	建造地点	建造内容	建 造 过 程 与 成 果		
2002 年	Colonia Vicente Guerrero	住宅			
	Etla	社区厨房			

年代	建造地点	建造内容	建造过程与成果
2002年	San Jacinto	教堂屋顶修复	
	Ventanilla	茅屋	
2003年	Ocotlan	青少年音乐学校	
2004年	San Antonino	住宅	
2006年	Etla	住宅	
2007年	Ocotlan	音乐学校露天舞台	

年代	建造地点	建造内容	建 造 过 程 与 成 果		
2008年	San Martin Itunyoso	幼儿园			
2009年	San Martin Itunyoso & Guadalupe Miramar	不同气候和文脉影响下的结构与建造探索			
2010年	Zaachila	小学			

2.1.3.2 法国当代建筑学教育中的营建教学

法国的建筑学教育采用建筑高等学院的体制，这类学院独立于大学体系之外，由法国文化部领导。法国有24所建筑学院独立于大学自成体系，各建筑学院无明确排名，各有自己的特色与优势。比如格勒诺布尔国立高等建筑设计学院（École Nationale Supérieure d'Architecture de Grenoble）重视手工；卢米尼-马赛国立高等建筑设计学院（École Nationale Supérieure d'Architecture de Marseilie-Luminy）以规划见长；斯特拉斯堡国立高等建筑设计学院（École Nationale Supérieure d'Architecture de Strasbourg）偏重于工程技术；巴黎-贝勒维尔国立高等建筑设计学院（École Nationale Supérieure d'Architecture de Paris-Beileville）作为巴黎的老牌建筑学院，老师要求严格，可谓经典的学院派代表[37]。法国公立建筑学院学制为六年，分两个阶段。建筑学院内工程类的课程比重很大，从大一到大四都有涉及结构、建筑物理及旧建筑翻新使用的课程安排。内容较多涉及选型、实例分析，更重视实用性和新科技的结合。"老建筑翻新"在法国教学中占有很大的份额。在教学中，还有大量实地参观的机会，各工作室会依据教学目地，安排到国内外参观、实习。

法国巴黎-贝勒维尔国立高等建筑设计学院的建筑教学十分注重培养学生设计和建构空间。学院通过很多教学方法来指导学生学习和设计空间。例如关注对剖面的设计，认为剖面直观地反映了空间的层次关系。教学中注重实体模型设计，注重模型分析，注重建筑设计的过程。主要教学手段是通过让学生对世界上经典建筑的解读和分析来深入地了解建筑、空间以及两者的相互关系。在对空间的建构环节上，学院的建筑学教学也已经不局限于二维图面上的操作，同样也开始注重三维模型制作和实际材料的体验（见图 2-6）。

图 2-6 巴黎-贝勒维尔国立高等建筑设计学院的学生通过模型制作分析、设计空间

2.1.3.3 英国当代建筑学教育中的营建教学

英国目前有近 40 所建筑学院，大部分建筑院系的教学针对性很强，英国建筑学教育的一个重要特点是把培养具有迅速开业能力的建筑师作为教学的首要目标。建筑联盟学院（Architectural Association School of Architecture，简称为 AA）是英国最老的独立建筑学院。AA 的课程分为大学课程和研究生课程。大学课程包括预备课程（Foundation）、一年级（First Year）、中级学院（Intermediate）、资质学院（Diploma School）（见表 2-5），研究生课程则有研究实验室、新兴技术、景观都市学、历史与理论、住房与城市化、可持续环境设计、建筑保护等以及博士课程。

AA 代表了英国现代开放的建筑学教学体系，其主要特色是单元教学体系，即设立不同的教学单元和小组合作的教学方式。教学课题关注空间设计的模式、空间建构、材料和制作，通过大比例的模型制作和技术研究，去体现空间与建构、制作与思考的互动关系。从一年级到中级学院、资质学院，教学单元中都有研究空间、结构、材料、建构的内容。如一年级教学单元主要是通过制作实际项目的1：1模型，使学生了解空间和建构。例如，单元01为探索不同表现形式下的意义（见图2-7）；单元02为探索建造和材料组合过程中的连续性（见图2-8）。中级学院单元来自于实践，进一步研究空间形态、空间中人的行为、材料构成空间等问题。例如，单元01为空间的创造及其所遵循的方法学（见图2-9）；单元05为制定对现实的建筑空间进行研究的策略——城市虚拟网络（见图2-10）[38]。AA的各个教学单元的学习均关注细节的研究，关于空间认知和建构的课题范围很广，不仅仅局限于建筑学学科，还包括了社会学、地理学等多学科知识综合交叉。这能够开拓学生潜力，使他们体验、认知并且创造有意义的空间。

表2-5 AA课程中的技术课程设置

年级	课程	课程简介
一年级	车间介绍	熟悉车间，学会使用各种工具及学习安全常识
	案例研究	从材料、结构、空间与光三个角度对伦敦的一个当代建筑进行案例研究
	结构	培养学生对结构蕴含的力量的感知，课程过程中展开模型实验竞赛
中级学院	结构	以教师授课和学生演讲的方式研究建筑结构的力荷载及其传递，通过模型荷载实验研究结构变形及稳定性
	材料和技术	材料性能、制造方法、耐久性、成本、外观
	制造未来	运用汽车和航天工业中的高新技术和电脑模拟激发设计概念
	技术设计课程	配合单元课程，解决设计中的核心技术问题
资质学院	技术和体系	材料选择、加工、制造、组装
	建造过程	通过工程实例讲授建筑从设计到建成过程中的复杂因素，重点关注各学科间协作
	编码几何学	通过编程创造几何形体
	先进结构设计分析	将建筑分解为有限的部件，使用计算机分析几何体系、边界条件、材料性能
	技术工艺学	将学生的视野扩展到传统建造之外的工业制造链、纳米材料研究，并将这些技术运用到建筑设计上
	可持续城市设计	关注城市形态、密度，特别是能源，课程包括了对一个城市更新项目的案例研究
	环境模型和模拟	对气象数据进行分析、评价，并进行建筑日照、热工性能、照明的模拟
	形态、能量和环境	研究建筑表皮的发展以及被动式设计和对自然资源的利用。运用CFD软件模拟提供更舒适的物理环境以及更好地利用能源
	技术论文	通过案例研究、材料试验和扩展研究、咨询，解决以往设计或讲座中遇到的技术难题

图2-7　一年级单元01 课程设计

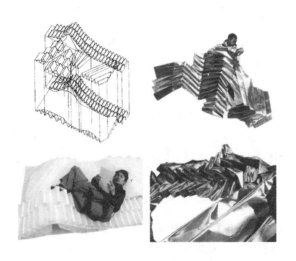

图2-8　一年级单元02 课程设计

2.1.3.4　瑞士苏黎世联邦高等理工学院（ETH）的营建教学

如2.1.2 节中所述，ETH 的建筑学教育最大的特点是将建筑设计和建筑技术结合进同一个教学板块——设计，这对于建筑设计和技术课程的融合大有裨益（ETH 建筑学教程的三大板块，见表 2-6）。赫斯利到 ETH 之后创立并发展了建

图 2-9 中级学院单元 01 课程设计

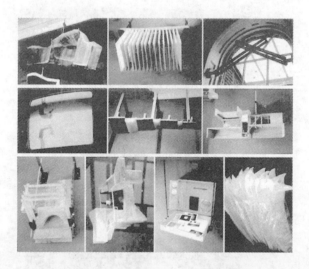

图 2-10 中级学院单元 05 课程设计

筑入门的"gruandkurs"建筑教学模式，将一年级的课程分为建筑设计、构造、绘画与图形设计三门相互作用的课程。其教学目的有四个方面：基本表现方法的训练，如绘图和模型制作；空间意识和空间思维的培养；建筑师与建筑设计方法入门；建筑材料和构造的认知。1985 年起负责设计教学的 H. 克莱默在继承赫斯利的教学体系的基础上，将建筑设计与构造两门课合二为一，进一步将建筑设计初步课程发展成为一个以瑞士当代的建筑实践为基础，以建立整体的建筑观为目标，以建筑空间发展为主线的、结构有序的基础教学体系，即"苏黎世模型"。其教学分为 2~4 个阶段，逐步培养学生的设计能力[39]。ETH 的建筑学教育认为建筑的形式与它的建造过程是直接联系的，建造形式是功能和空间、构造材料和基地场所相互作用的结果，其最终状态是一种物理构造或"建造形式"，因此在建筑教学的初级阶段必须强调实践课程的环节。如一年级建筑技术课程中有一项1：1 建造课程，依据材料分为金属结构、纸结构、木结构三门课。以 1：1 金属结构课程为例（见图 2-11），此课程对学生专门进行了一次焊接、金属切割方面的培训。课程还与苏黎世城建部门联合展开一次内部竞赛，竞赛题目是在苏黎世 Kern 校舍旁建造一个休息亭。最后获选的休息亭方案由 25 个（建造时改成了 15 个）不同高度、不同倾斜度的屋顶元素组成，屋顶元素的排列则考虑了雨水排水路线。

表 2-6　ETH 建筑系教学结构[35]

第一大板块（核心）		第二大板块		第三大板块	
建筑设计及构造和建筑绘图方面的训练		自然科学和技术方面的课程		自由艺术、社会科学及数学方面的课程	
设计过程	对建筑问题从不同侧面进行认识与分析	具体课程	承重结构	具体课程	现代建筑文化史
					艺术与建筑史
	图解分析结论并提出空间和建造问题的解决图解		建筑设计		城市史
					技术史
			建筑系统		历史名胜保护
	绘图表达空间和建造问题的解决方案				建筑理论
			生态学基础		景观建筑理论
					社会学
	发展概念并考虑实际建造的可行性		施工过程		经济学及法律
					数学思维
			计算机辅助设计（CAD）		自由艺术
	对方案进行全面评估				社会科学
					政治科学

2.1.3.5　美国当代建筑学教育中的营建教学

库柏联盟学院（Cooper Union）成立于 1859 年，是美国最著名的高等教育学府之一，它的建筑学教育在美国乃至全世界都享有盛誉。当代许多著名的建筑师曾在此学习：丹尼尔·李博斯金、坂茂、伊丽莎白·迪勒（Elizabeth Diner）、丹·霍夫曼（Dan Hoffman）等。库柏联盟学院艾文-钱尼建筑学院提供五年制建筑学士的专业教育。设计教学采用 studio 形式，分组教学，教师和学生的比例为1：5。学校有 740m^2 的工作室，每个学生都有自己的绘图和模型空间。

艾文-钱尼建筑学院四年的设计序列是按照将空间要素、计划调查、构造、

图 2-11　ETH 1∶1 金属结构课程作业

结构、形式和空间连为一体的方式架构的，并且由此产生一个有效的空间教育体系[40]。建筑学院一年级的课程主要是对纯粹空间几何形体的认知，例如以家具为例研究图纸和制作之间的关系，研究将基本的几何架构转化为实体模型；二年级则研究空间感知与形体的结合，研究以实体比例表现出建筑空间的概念；三年级通过模型对实例进行分析，培养学生的研究分析能力；四年级开始进行有实际场地限制的建筑空间设计训练，通过模型研究空间形式的交接关系和材料节点（见图 2-12）[41]。

图 2-12　库柏联盟学院艾文-钱尼建筑学院 2012 年教学展[41]

　　库柏联盟学院的建筑学教育强调的是材料和形式的互动关系，始终从三维空间的角度研究纯粹的建筑问题，其建筑学教育的核心从不为流行风格和思潮所左右，始终关注建筑本体——空间的研究，关注对空间的本质认识，并以此来作为建筑教学的目标。

2.2　中国营建体系发展与本土教学实践

2.2.1　中国的匠作体系

　　关于中国早期的建造，有南方的"巢居"和北方的"穴居"之说，并引发相应的构造方式的发展。但中国木构建筑的传统一直缓慢发展到 20 世纪仍然没有质的变化。也正因为如此，没到过中国的森佩尔坚持认为中国古典建筑是他的建构理论的重要依据，因为它最完整地保留了古老的建造文化，作为实例有力地支持了他独特的基于文化人类学的建构思想，而中国古代建造技艺的代代传承成就了这种理论。

　　中国古代建筑主要是木结构和砖石结构，平面多以方形和长方形为主，主要的外观形象特点是屋顶，其进深和开间都有一定的限制。这些形象上的表现很大程度上来自于木构架及其相关做法[42]。屋顶的几种变化都与内部梁架有紧密的逻辑关系，屋顶的高度、坡度也非任意决定，它取决于木构架的尺度，而整个构架的尺度都以某种尺度为基准，即"材份制"。建筑上的装饰，例如屋顶、檐角、斗拱等构件的存在都有明确的构造起因，这正是一种在建造上由内及外的方法。装饰不仅仅是装饰本身，它提示内部的构造结构，乃是一种合乎逻辑的装饰。

　　古代的中国，房屋的建造一直被视为一种手工艺，对材料工艺的处理最终被反映到建筑中。朝代的变更、政治制度的桎梏，使建造技艺不断变化。由于中国几千年来都一直靠师徒关系传承木工技艺和其他建造方法，其思想和方法融于建造实践中。中国古代的匠师不同于普通的工匠。战国时称"工师"，汉称"大匠"。中国古代工艺创造的渊源在民间，靠师徒之间薪火相传，借助于操作示范和口语相传培养工匠。因此，工匠的才能是直接来自于实践，他的认知和技能通过直接针对实际材料的操作获得，营造是本质的、主要的目的，因此，中国古代建筑是建造的结果。当时制图知识的落后，加上对所谓理论研究的社会性蔑视，或一些意识观念的约束，这种技艺的传承方式导致建构形式的长期固定，没有实质性的发展。这种现象不是训练方法的问题，即使在现在，它仍然具有非常本质性的价值。排除社会性和语言等不利因素，古代匠师培养的核心内容是操作性的认知和体验。

2.2.2　当代中国的营建实践

　　中国当代建筑师对于营建的探索开始于 20 世纪的八九十年代。短短二三十年，虽然尚未到总结成果的时候，但他们的存在却给中国建筑带来新的拓展空间，新的建筑观念，并逐渐影响到建筑实践。下面以冯纪忠、王澍、刘家琨三位建筑师为例，探究当代中国的营建实践。

2.2.2.1 冯纪忠与方塔园

冯纪忠生于1915年，曾留学维也纳学习现代建筑，回国后创办了同济大学建筑与城市规划学院，被认为是中国现代建筑奠基人和我国城市规划专业创始人，他也是我国第一位美国建筑师协会荣誉院士。由于冯纪忠当时所处的特殊历史环境，他留下的建筑作品并不多，其代表作就是他晚年规划设计的松江方塔园，其建成后被誉为"中国现代建筑的坐标点"，"代表中国现代园林的最高水准"。冯纪忠在设计时构想将方塔园建成一个"露天的博物馆"，让园内的古物都作为展品陈列，因此方塔园的设计并没有像当时的一些园林那样沿袭苏州古典园林模式，而是对已有的要素进行重组，在尊重历史的前提下追求现代性。

例如方塔园东门的设计，在采用富有江南水乡意蕴的小青瓦顶的同时运用的是轻钢结构，园门的钢梁连续变化以撑起一大片瓦顶，显得非常轻盈（见图2-13）。那是一扇几乎不再是园门的园门，以建筑师王澍的说法，"比一般的园门要大得多，以致产生了一种门房、亭子、大棚的混合空间类型。"空间被从单调、僵硬的建筑格式和陈旧观念中解放了出来。

图2-13 钢结构的方塔园东大门

这种设计手法在园内东南角的方塔园茶室——由竹草搭建、供市民休憩的"何陋轩"中体现得更为突出。这是一个在位置上相对独立的新建筑，自成一个完整的格局，同时又是与整个塔园紧密联系的局部。通向茶室路径上的弧形围墙除了有导向的作用外，在改善力学性能的同时还有着挡土、屏蔽、透光、视域限定、空间推张等丰富功能，也使室内外空间自由地流动（见图2-14）。茶室建筑在文脉上与当地的文化内涵相关联，因有感于松江农村特有的四坡顶弧脊形式农居的日渐减少，冯纪忠为将此地方特色继承下来，便取其情态，用现代手法表现，并以竹为架，以草覆顶，充分发挥竹构的灵活性。竹构的柱子经过精密计

(a)　　　　　　　　　　　　　　　(b)

图 2-14　方塔园茶室"何陋轩"

(a) 路旁的弧形围墙；(b) 茶室外观

算，呈现网络状几何形式的布置，体现了精准的理性的技术与丰富的感性的神韵。竹结构上的节点涂以黑漆，使构件的节点被模糊虚化，阻断力学的视觉传导，造成支撑结构轻盈飞动的效果（见图 2-15）。旋转相叠的 3 层台基，依次递转 30°、60°角，以动态的轴线烘托敞厅的南北轴心，并与整个园林的轴向相呼应。同样在铺地方砖的纹理上讲究横竖间隔，以横向为主、竖砖嵌缝，在丰富肌理的同时暗示轴向感。不仅有利于埋置暗线，并且能够让柱基夹置缝中，既可穿透 3 层台基使之层层紧扣，又能保护砖石不易破损。而 3 层台基错叠留下的空隙，正好竖立轩名柱[43]。在这里，"不论台基、墙段，小至坡道，大至厨房等等，各个元素都是独立、完整、各具性格，似乎谦挹自若，互不隶属，逸散偶然；其实有条不紊，紧密扣结，相得益彰的"[44]。体现了环环相扣，从全局入手以细节体现的设计思路。

图 2-15　"何陋轩"室内及结构细部

　　方塔园在已有宋元明清的木构、石构、砖构基础上延展探索了钢结构、钢木结构、竹结构和砖石结构在中国当代人居环境中适用的可能性，将石、水、土、竹、木、钢的美学和力学特征，通过设计手法和构筑技术，以现代的工艺和构造技术，发掘出现代建筑和传统文化的理性平衡。这样的设计思路符合于理性的、逻辑的、系统的关系。在方塔园的设计中人们能够体会到冯纪忠对于形式和空间的感受和判断，对材料的敏感性和对建筑细部的精妙设置以及对建筑艺术和技术的准确把握，他的设计注重物理和心理空间的形成和构建，蕴含其中的空间和精神是对现代主义和中国传统文化特殊的文脉做出的反思和创新。

2.2.2.2　王澍与"业余的建筑"

王澍说自己做的是"业余的建筑"："业余的建筑是恰当使用技术、耐心推敲构造的建筑，它追求的不是技术时代象征性的表现、无针对性的技术滥用，而是试图使建筑以恰当的、有节制的、在技术上可被理解的形式呈现出来。'营造'把过程引入了从前的结构范例，这对专业建筑学赖以为基础的自发建造、模型语言、理论元语言和项目语言之间的一切区别，将予以一种爆炸性的致命打击。""在设计开始之前，业余的建筑没有方法，它走进建筑，边做边找方法。……，当我们把营造重新看做一种理想，也把建筑师恢复到更接近于工匠的角色：他们从不讨论思想，却有针对性地在生活中工作，他们是生活中的革新能手。"[45]

运用被人遗忘的传统地方材料和传统要素，并使之在现代建筑中以一种新的姿态巧妙地再现一直是王澍建筑作品中的典型手法。例如，在最早的陈默艺术工作室的室内设计中，王澍就采用了一种砖墙不抹灰，直接涂水性涂料的方式处理一堵分割墙；"自宅"中厨房和厕所之间的转角处做了一扇移动的挡桄，这是个江南乡下住宅的门上的一种传统构件；杭州太子湾公园夯土"墙门"，王澍凭借对基地敏锐的觉察力，"土生土长"出由一高一矮两片土墙构成的"建筑"，在施工中，他用现代成熟易行的钢模代替传统木模，使传统夯土技术在现代社会以另一种方式真实地表现出来（见图2-16）。正是这些传统地方材料与建造工艺丰富了王澍与众不同的建筑营造观，他从一种本土人文意识出发，以选材推论结构与构造，将"仍在当地广泛使用，对自然环境长期影响小，且为大规模专业设计和施工方式所抛弃"的民间手工建造材料和做法作为选用标准，以将民间做法和专业施工有效结合并能大规模推广为研究目标。

从"自宅"、陈默艺术工作室、上海南京东路顶层画廊，到垂直院宅、苏州大学文正学院图书馆、中

图2-16　使用夯土技术建造的"墙门"

国美术学院象山校区、宁波美术馆、宁波博物馆、上海世博会宁波滕头案例馆，王澍将中国传统文化与建造技术"植"入当代建筑中，践行着他的中国本土建筑学理念。苏州大学文正学院图书馆不仅有时尚的建筑元素——钢梁、玻璃肋夹板玻璃幕墙等，同时加以青砖砌瓦、斩假石压顶收边的传统技术作法（见图2-17）。由废弃的航运大楼落架重建的宁波美术馆（见图2-18）用建筑表皮暗示城市记忆线索的混合性[46]。在宁波博物馆的创作中，王澍在主入口处植入了本地村镇的特色要素，如平缓水岸，卵石堆砌的护岸，在垂直墙面上加入瓦片、斜切墙等，这些元素的并置营造出极富地域文脉特征的水乡环境。博物馆外墙由"瓦片墙"和"竹条模板混凝土"混合构成："瓦片墙"汲取传统建筑元素并运用现代施工工艺技术，经过反复实验运用在博物馆24m高的墙面上，间隔3m的明暗混凝土托梁体系保证了砌筑安全和墙面牢固，内衬钢筋混凝土墙和使用新型

图 2-17　苏州大学文正学院图书馆

图 2-18　宁波美术馆的表皮材料

轻质材料的空腔，使建筑在表达地域文化和特殊意蕴的同时，获得更佳的节能效果。"竹条模板混凝土"则是一种全新创造，竹是公认的速生环保材料，竹的韧性与弹度和对自然的敏感，都使原本僵硬的混凝土发生了艺术质变（见图2-19）。

图2-19　混合构成的宁波博物馆外墙

王澍探索着一条将简单纯朴的现代主义构造方式同民间的传统建造工艺相结合的建筑设计之路，也正是这种现代与传统的高度统一使得其建筑作品脱离了世俗的喧嚣，与商业文化所主导的建筑形态拉开了距离。

2.2.2.3 刘家琨的"处理现实"

刘家琨在很多场合都将自己的建筑策略称作"处理现实"。"现实"是当前存在的客观事物，"处理现实"的出发点是要与当前我国的建设现状紧密契合。他希望借由这一建筑策略"能够牢牢地建立此时此地中国建造的现实感，紧紧地抓住问题，仔细观察并分析资源，力求利用现有条件解决这些问题"[47]。应该说，这是一种脚踏实地从建筑的根本出发的思考方式和设计理念。刘家琨的作品正是基于这种"务实"的态度，反映场地的需求、环境的现实、生活的真实，从而使他的作品牢牢建立起了一种地域性，一种从"此时此地"生长出来的本土性[48]。

在锦都院街项目中，建筑的具体形象就充分利用了周边环境提供的各种资源：这个位于成都市中心的项目位置非常独特，一街之隔的东边是成都宽窄巷子历史文化保护区，身后西侧是锦都地产的高层商业复合体。在这片新旧相接的区域中，刘家琨的建筑设计沿用传统坡屋顶，但在传统的基础上做出大胆创新：变换屋顶材料为预制混凝土板，大胆地省略了屋檐出挑，并使坡屋顶屋檐线不与中脊线平行。建筑外墙材料大胆选用了金属网格表皮与砌块的结合，金属网格表皮在立面肌理处理上采取传统砌砖的错皮砌筑方式并加以虚实变化。这些材料的创新搭配创造出的立面外观既传统又极富设计感（见图2-20），使得锦都院街项目建筑与周边"宽窄巷子"的青砖建筑遥相呼应。这一作品的成功之处就在于将建筑与基地的关系通过创新的建筑造型、别致的建筑材料拼贴方式以及与施工方

图 2-20　锦都院街的铝合金网格表皮

式的新式组合表达出来，刘家琨以自己的方式回答了建筑设计如何解决"当时当地"的问题。

　　在我国现有的建筑施工条件下，城市或乡村中的大量普通建筑不可能都像大城市中的重点项目那样保证有精细的做工和较高的技术含量，在技术达不到设计要求时，刘家琨没有退而求其次减低标准，而是用设计的巧思来弥补技术的不足，勇于面对技术实验性的巨大风险和压力。在鹿野苑石刻博物馆一期项目中他运用独创的复合墙体的砌筑方法，采用小模板施工为建筑的形象服务（见图 2-21）；在上海青浦新城建设管理中心的设计中，用百叶边缘手工凿毛的加工方法，在节约经费的同时提高了品质（见图 2-22）；在四川美术学院雕塑系教学楼中运用掺入氧化铁的外墙面砂浆手工抹灰方法以保证施工的结果不会过于脆弱，同时表现出建筑整体粗粝凝重的效果（见图 2-23）。

图 2-21　鹿野苑石刻博物馆中的砌筑墙体

　　刘家琨在设计过程中非常注重材料选用的经济性，但绝不降低对于材料表现力的要求。他注重研究对普通材料的新加工方法，力图将普通材料加以设计转变

图 2-22　上海青浦新城建设管理中心用手工凿毛的百叶边缘

图 2-23　四川美术学院雕塑系教学楼

成为富有新意的个性效果。在四川美术学院新校区设计艺术馆的外立面设计中，刘家琨使用了造价经济的材料，如清水页岩砖、清水混凝土、素面抹灰、多孔空心砖、水泥波纹板等，但在材料设置方式上进行创新，如在砌筑墙面时反向放置多孔空心砖，带来了独具个性的肌理效果；在使用水泥波纹板时将大量板材水平层叠，使得立面上呈现出波浪线肌理，立面质感丰富又不显凌乱（见图 2-24）。这种对现有建筑材料的利用方式表明，利用普通的建筑材料一样可以达到优良的视觉效果，标准化生产流程生产的工业制品也可以通过巧妙的设计得到具有美感的建材产品。

　　刘家琨从对场地和环境的研究出发，其建筑大多真实而朴素，每个作品都有着它背后生成的逻辑性和复杂性。设计不是空穴来风或盲目追随，而是以"现实"为着力点的真实建筑，即植根于建筑内部的系统性思考及解决表达之道，综合"当时当地"的众多现实条件与美学追求，真实反映出建筑与现实应对的过程和结果。

图 2-24　四川美术学院新校区设计艺术馆外立面使用的多种材料

2.2.3　中国营建教学的流变

2.2.3.1　中国营建教学的古代传统与近代发展

与近现代相比，中国古代的营建教育呈现为一种比较零散的、不成体系的知识传授活动，即中国古代专门从事营建活动的人将从上一代继承下来的以及经过自己摸索积累的营建知识和经验传递给下一代，其主要特征为：营建知识的传授、教育发展受到政治制度和社会思想的很大制约；具有明显的家传性、实践性特点，鲜有理论著述；教育重视统和能力、模仿操作能力培养，不鼓励创新[49]。但是直到今天，中国古代营建教育中仍有一些值得借鉴的传统：重视发挥教师的个性才能，重视实践经验；重视运用模型的设计手段；重视建筑师在营建过程中的统和能力培养等。

中国近代的营建教育则与古代完全不同。一方面近代工业的发展需要与之相适应的人才；另一方面，中国学人有机会留洋学习建筑学，回国兴办建筑学教育。清朝末年，中国在洋务运动的影响下，教育全面引进西学。清末颁布的《奏定学堂章程》中就有土木工学和建筑学。如果说传统中国营造术的核心是材料与模数、等级与形制、风水与堪舆、理景与造景、图式与装饰，土木工学则为现代建筑学奠定了数学、力学、材料学、构造学、测量学、制图学、机械工程学等现代科学的基础[50]。中国近代最初的建筑学教育从学科名称到学科内容基本学自日本，具有很强的技术性。建筑科中"计画与制图"一课课时就占建筑专业课的 72%，比例非常高。技术系列课则涵盖材料、构造、施工等，虽学时比例不高（19%），但课程门数最多，而绘画、历史、美学等科目皆属于补助课[51]。

20 世纪初，一批归国学子将国外先进的建筑学教育制度引入中国。早期回国的以留学美国宾夕法尼亚大学的梁思成、杨廷宝等十人为最多，他们在此后相当长的一段时期内居于中国建筑学教育的主导地位，因此唯美严谨的学院派建筑学教育一度在中国占据主流。该传统始终遵循那些得到学界公认的、相对成熟的理论与时间体系，一度造成了近代中国建筑学教育的重形式，轻内容；重艺术，轻技术；重表现，轻设计的倾向。但不可忽视的是，以"包豪斯"为代表的现代主义思潮也对中国近代的建筑学教育有所影响。1942年上海的圣约翰大学创设建筑系，系主任黄作燊毕业于英国的建筑联盟学院（AA），深受格罗皮乌斯和现代主义建筑思想的影响。在创办圣约翰大学建筑系后，更加倾向于将包豪斯体系的现代主义建筑教学移植到中国（1952年，之江大学和圣约翰大学的建筑系并入同济大学建筑系），形成了上海不同于其他国内建筑学教育体系的鲜明的现代主义传统。圣约翰大学建筑系将建筑初步课程予以扩展，将初步课程与技术课程相结合增设了"工艺研习"（workshop）课，强调动手操作，还注重学生对材料性能的熟悉。注重教学方法，改善了以往教学中经常存在的技术和设计教学分离的局面。直接影响了1946年梁思成先生创办清华大学建筑系的教学方向。1950年梁思成先生曾将清华大学"建筑系"改名为"营建系"，以期其教学能够涵盖经营、规划、设计、建造"宜人的体形环境"的全过程。

尽管建筑教学在新一批留学学者的影响下正在发生变化，而且根据时代的发展加入了更多更丰富的内容，但是早期学院派教学的基本思想和教学模式仍然发挥着潜在的作用。比如巴黎美术学院的"画法几何"、"透视"、"阴影"，"徒手画"、"建筑要素"等以"绘图"为目的的课程，直到现在仍然是国内建筑设计初步教学的重要部分。直至20世纪90年代后，由于国际建筑领域发展的影响和国内一系列社会经济变革，国内高校的建筑学教育发生了深刻变化，呈现出了一些新的发展趋势。

2.2.3.2 当代本土营建教学的开展

20世纪90年代后，我国一些著名建筑院校针对建筑学教育的现存弊病，开始引进并发展国外先进的教学方法，对现有的教学体系和教学方法进行改革，将"建造"环节纳入教育体系之中，从而使本土营建教学的涵盖内容更加完善，教学方式方法更加成熟多样。

同济大学自20世纪60年代初就开始建立空间组织设计教学体系，现在则更强调"开放式"建筑设计教学体系，着重培养学生的创造性思维以及空间建构能力。比如在一年级开设的样墙打造、座椅制作、24h纸板建造实验等课程。其中24h纸板建造实验课程于2007年开设，一年级5个班分成10组，进行团队居住体验活动。实验地点在建筑与城市规划学院广场，此课程已成为全校性质的建造节。课程的教学目的是：通过24h的建造实验，学生能够获得对材料性能、建造方式及过程的感性及理性认识，理解建筑的物理特征。通过在自己建造的建筑空间中进行的活动体验，初步把握建筑使用功能、人体尺度、空间形态以及建筑物理、技术等方面的基本要求。建造节的主题丰富，2008年为"简易自救抗震棚设计建造实验"，600名学生在一天内用包装箱纸板和瓦楞纸板搭建了46个简易自救抗震棚。2010年建造节邀请了其他学院以及东南大学、浙江大学等高校组队参加建造竞赛（见图2-25）。

图2-25　同济大学2010年建造节[52]

东南大学建筑系20世纪80年代一年级设计基础教学改革后，课题设置上最显著的变化之一就是在开始阶段设置了一个"小制作"练习，一直延续至今，"小制作"促进了后来制作类题目在基础教学中的地位。90年代中，基础教学受到瑞士苏黎世联邦高等理工学院（ETH）建筑系在一年级基础教学中设置的"砌墙作业"的启发，在1997年教案中实施了"地标设计"这个练习。地标设计作为一年级最后一个设计，其教学目的是：建立结构构造的概念，技术作为造型的手段，从现实环境出发的设计方法。要求在$2m \times 2m$的范围内，设计并建造一个$6m$高的校园地标。标志必须在不借助梯子、吊机、高台等帮助的情况下，在地面上装配而起。评价标准为：结构体系的逻辑性，制作过程是否简单，是否具备最佳视觉效果及经济性。教学程序为：教师讲课，学生制作小比例模型，按小组人数做相应约3~5个方案；教师参与，各小组在讨论研究的基础上产生一个新的方案；之后收集材料，试做足尺模型，以检验其建造过程，试验后教师对设计的结构提出进一步的改进意见；最后，进行足尺模型建造与展示（见图2-26）。

南京大学建筑研究所2000年末成立，2006年9月在此基础上成立南京大学建筑学院。"建构与文明"是南京大学建筑研究所三大学术构架之一（其他两个是城市与环境、历史与社会），其营建教学显得更为务实，比如从建构角度分析空间的材料组织、结构联系及细部构造；采用专题方式研究不同主题的空间建

图 2-26　东南大学建筑学院地标设计[36]

构；通过足尺模型搭建来模拟实际建造等。以 2005 年进行的木构建筑研究课程为例（见图 2-27），该课程通过实际建造使学生掌握材料、结构、构造知识，从材料和建造的逻辑中获得关于解决实际问题的工作方式和思维模式。课程题目空间限定为 2.4m×2.4m×2.4m；结构材料限定用木材，围护结构任选。此为木构建筑研究室系列建构实验中的一个课题，其他课题包括"木构之高者"、"构件与跨度"、"建造本能与设计"等。

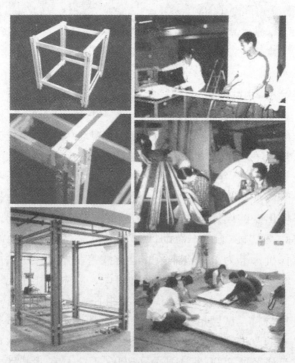

图 2-27　南京大学木构建造研究[53]

　　清华大学建筑学院从 2004 年开始了建造设计（即设计和建造）课程在本科生中的实验性教学，并安排在三年级下学期进行。学生通过团队合作的方式，在实际动手的过程中培养对材料的特性、组合、连接的认识；培养对建造工艺和建筑造价的控制意识。通过非图纸化的工匠式思维方式来摸索空间构成的各种可能方式，从而实现小型建筑物（2m×2m×2m～20m×20m×20m）设计、建造的全过程（见图 2-28）。2004～2006 年，总共开展了四次课程：2004 年主题为"动感空间与搭建的乐趣"，2005 年主题为"校园中的可移动车棚"，2006 年主题为"城市绿洲与生态之桥"，2006 年暑假金工实习中创作"坐的机器"。2007 年以后，建造设计中加入了更多的建筑物理方面的探索[54]，从而形成以建造实验为核心，将设计课、技术课、实践课相结合，多层次、渐进式、系列化的教学体系。

图 2-28　清华大学建筑学院建造设计课程作业："校园中的可移动车棚"[55]

香港中文大学建筑系自创建起，其基础教学中一直非常重视学生实际动手能力的培养，开始是一些小型的动手练习，1997 年开设了"亭子"建造课程（见图 2-29），至 2000 年完成了四届。学生在尝试解决建筑设计问题的过程中学习基本的建筑概念、形式语言、设计方法和技能，明白问题与形式之间的互动关系，进而建立一种理性的设计思维方法。课程 10～15 人一组，亭子单座造价为3000～4000 港元。设计阶段用草图和模型帮助构思，选出建造方案后制作足尺的节点模型，修改方案并制作组建；基地放样定位后现场安装建造；建造完成后

图 2-29　香港中文大学"亭子"建造[53]

进行庆典和展示；新生在来年将拆除上年建的"亭子"，体会"反建造"的过程[56]。

　　此外，北京大学、天津大学、重庆大学、中国美术学院、深圳大学、中央美术学院等也都在教学中开设了营建相关课程。北京大学建筑学研究中心木工及机械加工车间的加建课题以及深圳大学于 2001 年开设的砌砖课题，已经进行了几届；华中科技大学的 1：1 构成设计，其目的是让学生摆脱风格、形式、表现、设计方法的约束，从而获得原本的真实性体验，回到建筑的基本建造。总的来说，在建筑学专业中学习对材料和设计的真实体验和操作已经成为当今的趋势。

第3章 营建认知教学的
组织与实践

如前两章所述，营建认知是一种特殊的建筑设计教学模式，它不一定是具有制度化"教学大纲"的、自成一体的课程，而是让学生参加以建造实施为主题的建筑活动，对人工环境生成全过程进行高仿真模拟，目的在于让学生重新认识建筑设计的本质，并发掘创新能力。通过营建认知的教学，期望学生能够对建筑与环境、建筑空间和形态、结构与构造、建筑美学等基本问题的理解和研究更加深入，能够逐步把握建筑的实际建成效果以及建造真实性的表达，特别是在尺度、材料和细部构造等方面。

作为一种教学模式，营建教学强调研究的自主状态，注重学生的自我发现问题、解决问题的综合能力培养。尽管课程研究的主题与对象十分明确，但在课程中解决问题的过程、方式和结果却是不限定的。营建课程的设置直接影响教学效果和学生的体验。所以营建教学并非单独的课程设计教学，其设置应从作为一个整体性的教学体系出发考虑。而作为一个整体性的教学体系应存在层次性，不同层次的教学相对应的教学目标会有所不同，因而具体的课程题目也会有内容和要求上的差异，不同层次的教学主题应与教学目标有效结合，其教学方式也应与课程本身的层次性相适应。

3.1 营建认知的框架设定

3.1.1 营建认知的目标

建筑教学中缺少实体建造环节无疑是不完善的。在教学中将设计与建造相结合，有助于帮助学生在设计概念和实际建造成果之间得到权衡和对比，从而把思考、制作和物质材料整合在一起，同时也有助于建立起设计者、建造者、使用者三方的直接联系。如此看来，建筑教学中营建认知的引入具有以下两方面意义：一是为学生学习设计提供了一种思考与实践相结合的方法；二是可以把最终成果投入实际使用以取得社会效益。营建认知的教学目的主要是培养学生四个方面的技能[57]：思考和制作、技术与设计、协同工作、交流技巧。

3.1.1.1 思考和制作

营建教学首要的是培养理性思考问题的过程和设计方法。真正的建筑空间是无法脱离材料及其组织方式等物质体系而独立存在的，因此在建筑设计的教学初期引入真实的建造和材料制作活动是非常必要的。通过亲手操作可以使学生熟悉材料的特性，逐渐掌握合理运用材料的方法并在设计中寻求突破与创新，美国建筑师、南方理工州立大学教授威廉·J·卡朋特曾在《通过建造来学习——建筑教育中的设计和建造》一书中指出："材料应当作为设计的工具来介绍，建筑学课程应当包括足尺材料的知识。材料的学习包括建造技术、建造形式的可能性、典型特征。建议应当学习木、石、砖、钢、混凝土、试验性材料如合成材料和塑料。"[58]思考与制作两者既相互影响又相互促进，充分参与材料的制作和建造过程可以促使学生在设计过程中深入思考，在设计的概念生成和实物呈现之间建立有机联系。

3.1.1.2 技术与设计

一个建筑师只有通过建造实践才能真正懂得建造的逻辑和意义。美国建筑师协会（AIA）曾指出，当前建筑教育中一个最薄弱的环节就是学生不了解建筑是如何建造的。由于时间的限制，传统的教学设计题目大约90%是方案设计，而且设计、建造文件、材料与出料、结构等技术课程往往作为独立的科目来讲授。营建认知的教学旨在推动设计与技术的结合，让许多在教室里无法发现的问题在建造场地上呈现出来。结构、材料、细部、建造日程计划等都需要在真实的环境中考虑，这没有其他方式可以替代。营建教学正是让学生在实体建造过程中去探索运用结构、建造、材料等影响建筑的本体因素，在设计中解决相关问题的能力，将模型制作过程视为实际建造过程的模拟，直接通过制作、分析、实验、调整，从研究结构稳定性、承载性能、牢固、材料特性等角度，学习体会建筑形态的生成过程。更重要的是在课题超过学生的已有知识范围时，需要自主性地关心、理解、应用新技术，并运用到设计中去，这和将来职业建筑师的情况是很相近的。

3.1.1.3 协同工作

传统的建筑学教育模式中，教学方案基本沿袭了以任务书为纲领，教师讲授改图的被动封闭的教学模式，学生往往独立完成设计，缺乏学生与学生、学生与教师之间交流互动的训练环节。在真实的项目中，没有合作是难以想象的。即便单纯从设计院工作的角度来说，个人才华必须融合到一个集体之中才有实效。因此，作为提高学生综合素养的重要环节，团队精神（team work）的培养在营建教学中被着重强调。从前期策划、方案设计到组织施工，每一个阶段都要由"团队"来完成。即使单看建造这一环节，实际上也是一个分工合作的过程，结果的优劣除去设计构思因素之外，更多地归功于一个团队合作的好坏。在建筑教学中引入营建认知的训练，正是为培养学生的协作意识和"团队精神"提供环境与条件。在教学过程中学生需要组成工作小组，通过讨论制订工作计划，展开调研—设计—施工这一整套工作。每一个阶段组员们都要一起讨论做出决策，都要组织分工协同合作，每个人都可以从中学习如何与他人交流、共事。不断地讨论和交流既可以在组员之间形成知识的交融和启发，同时也增加了学习的趣味性和积极性。

3.1.1.4　交流技巧

建筑既是物质艺术又是社会艺术，为寻求共同的基点，几乎所有与建筑学有关的工作都与交流有关。在营建教学中，教师与学生的交流不再是单向的，也不再局限于图面和模型，真实材料操作的创新想法也会促进教师的思考。在国外，许多与社区建设有关的项目中，学生往往需要与社区成员一起完成工作，社区成员参与概念的形成和设计过程，甚至参加建造。而在一些高低年级、不同专业学生共同参加的项目中，和不同经历、才能、年龄，甚至不同文化的成员一起工作会使学习更有意义。在与不同成员的共同合作中，学生的交流技巧得到磨炼和检验，这种体验对于胆怯和不善言辞的学生特别有价值，有利于培养用清晰而简洁的方式交流思想的技巧。交流技巧的培养包括图纸准备、模型、供业主和其他人员理解设计意图的书面文字、草图和过程记录等。

以上四个方面可以说是营建教学的基本培养目标，营建课程实施过程中的每一个阶段的具体目标都应围绕着基本目标来展开（见图 3-1）。虽然营建课程各阶段的具体目标不一而同，但都不应偏离基本目标。当然，基本目标具体化到各个院校的形式不尽相同，每个院校可以根据实际情况来制定。

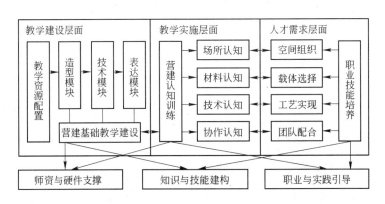

图 3-1　营建认知思维培养的框架与路线

3.1.2　营建教学的重点与难点

营建课程不同于传统设计课程，其真实性与实践性可以使学生在课程训练中体会在图纸上不可能遇到的各种实际操作问题。但在提高其综合能力的同时，也将面临与以往设计课程不同的问题与困难。因此，营建教学的重点与难点主要集中于以下方面。

3.1.2.1　理解空间与尺度

将建筑设计局限在图纸表现上很容易将可体验的现实空间演变为脱离生活的抽象概念，使学生对建筑的理解变得更为困难。营建课程为学生提供了亲手操作的机会和清晰可见的实物展示，使抽象的概念变得易于理解和把握。在课程训练中，学生将直接面对真实的建造问题，在设计与建造的实践过程中体验建筑空间，把握空间、形式、材料等诸要素之间的关系。当要求设计真实建造时，空间要素的大小尺寸将不仅受到相互之间比例的控制，更受到人的真实感受的影响。学生在课程中需要以新的视角审视设计，感受图面和真实建造之间的尺度变化（见图3-2）。

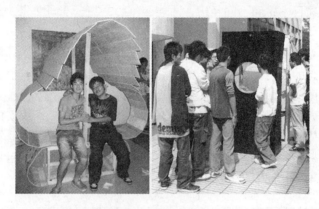

图 3-2　学生通过亲身体验把握空间与尺度

3.1.2.2　理解材料与节点构造

在二维的图纸设计中，形式成为主要目标，而形式主要受到比例、尺度、均衡等视觉原则的影响。在三维的实体建造中，空间成为主要目标，形式则更多地来源于材料及其构造方式。在营建课程中，学生必须直接面对真实材料，必须面对正确处理不同材料之间的连接方式，以使其连接可靠并具有美感的问题（见图3-3）。这

图 3-3　学生课程作业中的节点设计

一过程有助于培养学生选择合适材料表达并发挥材料的表现力表达设计构思的能力，校正在方案设计阶段一味追求形式上好看与新奇的片面性，而将研究的重点转到材质、构造与空间、形式的关系上来。

3.1.2.3　理解结构概念

"建造起来"的实际要求使得设计必须具备合理的结构形式，不能依靠任何外在的辅助支撑而达到力学上的自稳定。对于越来越习惯在计算机上追求表现技巧的学生来说，营建课程的训练要求其确立"建筑离不开合理的结构体系"的观念，认真思考设计方案的可实施性。

3.1.2.4　确立经济性观念

图纸上学习设计往往很难感受到经济性的要求。当对工程造价进行严格的控制，让每个学生面对实际经费问题时，经济条件就成了戴在头上的"紧箍咒"，逼迫学生转变形式主义的思维模式，认真考虑可操作、易加工等问题。为了设计理想的充分实现，从材料性能、价格到材料的选择、用量，都要学生们自己进行合理的取舍以平衡造价，在这一过程中逐步建立起经济性概念。

3.1.2.5　培养团队精神

一个建筑设计项目需要多人合作才能完成，需要建筑师发挥组织合作能力。营建课程的顺利完成需要学生分工合作，一个团队合作的好坏将对结果产生决定性的影响。学生们必须沟通交流、互相配合、合理分工，在这一过程中，学生也逐步培养了团队精神。

3.2　营建教学课程内容设计

3.2.1　主题与类型分解

营建课程的主题主要根据题目训练的特定目的确定，某类课题有可能根据其教学目的更偏重于某方面，从材料构造类、结构形式类、概念研究类、空间功能类到城市景观类，课题训练的综合性逐渐增强，难度逐步增加，对学生的要求和训练重点也不一样。

3.2.1.1　材料与构造类课题

材料与构造类课题一般设置在营建课程训练的初级阶段，各院校根据教学目标与实际情况设定具体内容（见表 3-1）。此类主题的具体题目虽然多样，但教学目的都在于通过材料的接触与加工以及整体化思考，以使用要求、材料特性、制作过程和工艺为起点，激发学生的原创设计能力。营建课程中常用的建造材料有纸板、泡沫板、木板（条）、PVC 管、角钢等，也提倡利用竹子、绳线等可循环利用的材料，以便建造课题拆除之后回收为下次课程教学使用。单个题目对材料的使用限定在 2~3 种，因为使用材料过多会掩盖建造问题。材料的限定促使学生必须更深入地去研究某种材料多方面的性能特点和加工方法，并自始至终运用这种材料语言进行建造，建立一种纯粹的建筑设计观。

表3-1 建筑院校营建教学中的材料与构造类课题范例

开设院校	题 目	课程目标及内容	备注（设置年级、开设时间及建造材料等）
美国宾夕法尼亚大学	亭 子	通过课题培养学生面临场地、资金、技术等问题的处理能力；通过亲身动手建造体验和思考设计问题	设置于本科生阶段一年级春季学期
德国柏林工业大学	内与外	首先确定建造采用的材料，然后根据材料进行设计和建造，如建造方式是从内到外还是从外到内。寻求解决问题的时间为一周	设置于一年级春季学期。材料不限定
英国建筑联盟学院（AA）	一年级单元01——探索不同表现形式的意义	旨在从材料技术出发推进建筑学的教育，如探索建造和材料组合、不同表现形式的意义、在各种不同材料和构思下如何建构建筑；理解概念与材料之间的意义	建造结合相关课程，贯穿于一年级的教学中，如一年级单元02——以材料为基础的系统等
瑞士苏黎世联邦高等理工学院（ETH）	砌砖课题	砌砖课作为建筑设计基础入门，强调设计和构造方法的问题，增进对建筑材料和构造的认知	课题安排于一年级。材料为砖、木、砂浆等
东南大学	小制作	利用纸板为基本材料，完成一个与个人学习、生活密切相关的，有一定实用功能的小制作。此次课程实用功能规定为"可坐"，高度小于30cm，制作须用抽象几何形体构思	2003年9月在本科一年级进行。材料为瓦楞纸板、线、黏合剂等，不能用胶带纸
上海交通大学	材料物质性的认知与表达	制作一个不小于$1m \times 1m \times 0.8m$的装置。借助建造的、工艺的等各种手段，表达出对某种材料物质性中某个或某几个特征的认识，并以多种方式进行体验（见图3-4）	设置于本科二年级

图 3-4　上海交通大学建筑系课程作业：材料物质性的认知与表达

3.2.1.2　结构与形式类课题

结构和形式类课题的训练偏重于结构或形式的考虑，但是要求利用真实的材料，考虑材料的节点、构造、结构、受力等问题（见表 3-2）。这里把家具的制作也归结为其中，因为家具也属于结构物，同样遵循类似于建筑的建造原则。

表 3-2　建筑院校营建教学中的结构与形式类课题范例

开设院校	题　目	课程目标及内容	备注（设置年级、开设时间及建造材料等）
美国鲍尔州立大学	小型项目设计和制作	通过对一个建筑作品的分析，培养学生对真实材料和建造技术的意识，并把其作为设计过程不可分割的一部分	课题设置于建筑学本科二年级，此次教学于 1996 年进行
英国诺丁汉大学	20 世纪空间与结构原型分析	目的是通过做模型、画图了解建筑空间的结构和特性，初步学习画工程图和模型。学生从提供的 15 幢经典现代建筑中选择一例，搜集图片资料，做成 1：50～1：20 的模型，并学着将二维模型翻译成一般的图纸，掌握并表达空间结构	设置于本科一年级，为设计教学必修课

开设院校	题　目	课程目标及内容	备注(设置年级、开设时间及建造材料等)
英国诺丁汉大学	1:1 可坐的东西（椅子）	进一步培养学生将空间形式和空间结构结合的能力。要求学生画装配图，用纸卡板做成 1:1 的椅子，能承受最重的教师。目的在于使学生了解如何使二维或三维设计，转变成一个足尺的三维物件，并在实际使用中检验设计的可行性	设置于本科一年级，为设计教学必修课
香港大学	全尺寸工程	了解基本构造，了解设计、加工制造和整个施工过程的关系。要求所建建筑的大小不超过 15m³ 的标准尺寸，两个人可以进入并且可以停留，要具有舒适度及安全性，容易拆装和可移植性	此次课题于 2004 年 10～11 月，在本科一年级实施
东南大学	地标设计	1. 了解设计造型与结构、材料的基本关系。综合训练对造型、材料、结构与构造相结合的能力，培养小组组员互相协作的精神，通过制作大模型亲身体验一幢建筑所面对的问题。 2. 设计并制作一个地标，尺寸为 1.5m×1.5m×6m，模型置于室外，必须能承受自身重力，设计并考虑其他影响因素，不可依托建筑物、树木等。结合材料特点选用合理的结构形式，并应具有结构的逻辑性和良好的形式感。以小组为单位，合作进行设计制作（见图 3-5）	课题设置于一年级第二学期，为设计基础教学中的一部分，必修课。地标设计与入学初第一个小制作形成了一种呼应，从制作出发，以建造结束。制作材料选用常见材料如纸板、KT板、竹、木等
	以建构启动的建筑设计——市民观演中心设计	将结构体系作为设计的切入点，后期加入环境与建筑功能要素进行系统整合。通过本次设计，让学生理清现代运动以来建筑设计的技术倾向，并强调构建文化的审美情趣，提供结构体系分析的基本方法与思路	课题设置于本科二年级，分为四个阶段进行

3.2.1.3　概念与研究类课题

概念与研究类课题是针对一些抽象的概念进行深入的分析、比较研究，以建造、构造角度进行模型制作来探索非建筑问题，通过对材料、光影、结构、形式的全新表现获得新的建筑延伸（见表 3-3）。

图 3-5　东南大学建筑系"地标设计"设计作业[59]

表 3-3　建筑院校营建教学中的概念与研究类课题范例

开设院校	题　目	课程目标及内容	备注（设置年级、开设时间及建造材料等）
英国建筑联盟学院（AA）	概念设计	研究错觉与扭曲和反建造与再制作两个主题，以不同类型的研究和设计来延展互相对立的物体与场地、陈旧与崭新的肌理、循环、倒影、结合等抽象概念	课题设置于本科一年级单元
	建造和消费	对创新形式住房的建造方式进行初步研究，着重于讨论目前的商业建造方法，同时研究利用当地资源和可再利用材料的方式（见图3-6）	设置于资质学院单元06、08等

续表 3-3

开设院校	题 目	课程目标及内容	备注（设置年级、开设时间及建造材料等）
东南大学	以建构启动的建筑设计——建筑的建构方式	加强对建筑设计中建构意义的理解，理解材料、构造、结构、造型形式与建造方式在建筑设计中的互动关系。加强对建筑材料性质以及构造、结构的掌握。课程分为四个阶段：材料的研究；单元体的构筑；单元体的组合；根据模型绘制1∶100的平立剖面图和轴测图，制作1∶20的节点模型	课题设置于本科二年级第一学期，此次课题自2004年实施
华中科技大学	1∶1构成设计	体验建造过程，初步建立尺度感和结构意识，理解材料在设计中的作用，由材料出发进行设计方案的构思，要求设计材料选择适当、尺度适宜、构造节点处理精美等	在一年级第二学期开设

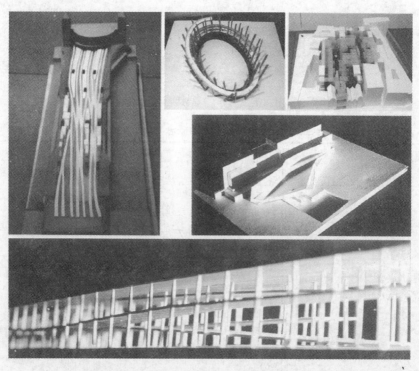

图 3-6　英国建筑联盟学院（AA）资质学院单元课程作业[38]

3.2.1.4 空间与功能类课题

空间与功能类课题为空间的建造和实现一定功能的建筑、构筑制作，一般设置于营建课程训练的提高阶段。这个阶段已经不满足感知的认识，需要深入思考建筑的空间感、可行性、功能效应、使用性、社会意义以及成本控制等因素，工艺难度的要求也随之提高。此阶段的课程训练中，大部分模型要求以人的尺度进行实体建造（见表3-4）。

表3-4 建筑院校营建教学中的空间与功能类课题范例

开设院校	题 目	课程目标及内容	备注（设置年级、开设时间及建造材料等）
英国诺丁汉大学	生活空间	通过制作大比例的模型，学习掌握三度空间的设计过程和工程学。可以用纸板和木板制作，时间为两周	课题设置于本科生一年级
	苏格兰小屋	培养学生掌握空间组织与材料、结构、构造关系的能力。通过改造一所在苏格兰的小屋，训练画施工图，把讲课中学到的技术手段用到设计过程中	
东南大学	环境认知与设计——空间环境设计	探讨设计从想法到具形的过程以及建筑设计问题的结构模型。练习的内容是在校园的一块27m×27m的矩形基地上，设计一供人们穿行、休息及举行小型聚会的外部空间环境。要求进行构件制作和空间构思	课题于2003年设置在本科一年级下学期
	以建构启动的建筑设计——建筑系馆改扩建设计	理解材料、构造、结构、造型形式与建造方式在建筑设计中的互动关系，探索材料及其构造的文化内涵和精神表现，理解在建筑设计中参与建造的积极意义。课程分为三个阶段：功能与空间分析；建构研究；深化表现	课题设置于本科三年级第一学期，本次课在2004年实施
清华大学	校园中的可移动空间	通过非图纸化的工匠性思维摸索空间构成的各种可能方式，通过建造过程培养对建筑的观察、想象和创新能力。培养团队精神和经济观念。空间在2m×2m×2m范围内，以现场的小组模型讨论和工匠化的实际搭建为基础，摸索构件联结及空间构成的方式。在完成分组搭建模型的基础上绘制三维CAD投影生成平面、立面剖面图，并绘制轴测分解图说明在批量化工业生产中主要构件的连接方式和方法[60]	课题设置于本科三年级第一学期，本次课在2004年实施。采用以木方为主的材料搭建1:1模型，辅材不限，材料要选用常见、价廉、易加工材料，提倡使用废旧物资以利环境保护（见图3-7）

续表 3-4

开设院校	题 目	课程目标及内容	备注（设置年级、开设时间及建造材料等）
香港中文大学	亭 子	1. 在足尺建造过程中理解材料、细部、空间和形式的形成原因，关注学生在经历建造环节之后的设计观念和设计能力的提高。 2. 学习有关材料、结构和构造的真实知识和技能，练习实际运用有关人的使用、场地和环境的知识，体验从设计到建造的完整过程，培养集体合作意识	课题安排于一年级课程的后段。课题始于 1997 年，建造材料为木（木板和木条型材）、螺栓等
深圳大学	空间设计与建造	1. 理解建筑设计影响因素，掌握建筑设计的基本方法；体验建筑空间及其组合对人的活动的影响；体验施工的过程，培养团队合作的精神。 2. 设计并建造一个以深圳大学建筑系学生为主的室外信息交流空间，容纳主要活动为休闲、作品展示、小型聚会等，设计应满足上述各类活动对空间尺度、私密性、视景等方面的不同要求。设计成果由班内竞赛产生，并进行完善，最后在师傅指导下完成建造工作	设置于一年级第二学期。课题始于 2001 年，材料为砖、水泥砂浆、杉木型材等

图 3-7 清华大学"校园中的可移动空间"课程作业[55]

3.2.1.5　城市与景观类课题

城市与景观类课题可以分为两个层次的训练：第一是认知场地，适宜设置在营建课程训练的初级阶段，让学生理解基本的处理场地的概念和尺度；第二是综合建造设计，要求建成的作品能解决实际的城市问题，满足特定的景观需要，改善已有的城市景观环境，设计方向丰富多样（见表3-5）。

表3-5　建筑院校营建教学中的城市与景观类课题范例

开设院校	题　目	课程目标及内容	备注(设置年级、开设时间及建造材料等)
英国诺丁汉大学	城市寻踪	让学生通过对城市景观、建筑空间的感知熟悉他们所生活的城市，重点培养学生对熟悉空间的感受和认知。任务书附有市中心的地图，并指定了近二十条路线，学生分组穿越这些路线，观察并分析。作业成果要求用图画和照片表现穿越的路线踪迹	课题设置于本科生阶段一年级，为设计教学必修课
重庆大学	城市低造价可移动售卖设施	流动饮食摊和流动书报摊各一，需设计和建造1∶1的建筑模型。要求营造经营服务行为的场所感；高效、便捷、集约设计；一般气候条件下的遮蔽措施。选材、购买、搬运、加工、修建工作都需学生亲手完成	自2007年在建筑学本科四年级第二学期实验性开设。材料自由选择
东南大学	环境认知与设计——校园认知	通过对熟知校园环境的观察与分析，体会设计中的行为与建筑场所、尺度等关系。课题要求学生借助所给的校园总平面，在现场踏勘与认读图纸的基础上，对校园空间环境做一系列认知分析	课题设置于一年级第二学期，此次课题开设于2003年
	建造实验——亭子设计与建造	设计和建造一处装置，确定一个主题，装置自身是一处景观，又具有人可以进入或穿过等某种功能。主体尺寸为2.4m×2.4m×2.4m，局部可达3m，实物装置置于室外，并考虑其所建的环境和空间的围合。装置必须能承受自身所具有的功能产生的重力，并考虑其他影响因素	课题设置于一年级第二学期，此次课在2004年实施。材料限定为：角钢、螺栓、阳光板、木板
	以建构启动的建筑设计——开敞式观演空间设计	使学生理解技术因素对当代建筑设计的意义，并尝试将对技术因素的被动接受转化为设计中的积极资源，使学生学习并能运用观演类建筑的空间组织特点及一般技术要求。设计分为四个阶段进行：建构分析；结构设计；空间整合设计；设计具体化及表现	课题设置于本科三年级

开设院校	题　目	课程目标及内容	备注（设置年级、开设时间及建造材料等）
清华大学	城市绿洲与生态之桥	要求学生通过调研及设计，利用城市与建筑的无用空间与废弃物资源，通过城市生活填充体装置的大量复制和灵活变体，激发、完善特定区域城市生活的活力及潜力，形成鲜明的区域城市特色和便利的通用城市生活网络，使其成为城市生活的新通道节点、观察都市的新节点、都市特色文化的孵化器、街道艺术和自由市场的滋生地、都市绿化美化的工具与绿色通道、人们乐于在此交流的场所、被交通割裂和汽车异化的城市的再生之"桥"。学生 2 人一组，对设计的局部进行"准建造"，成果的尺度要求是人能够进入和进行体验的材料和空间	课题设置于本科四年级

3.2.2　课程结构的模块设置

营建课程与一般的建筑设计课程和技术课程的显著不同在于，其课程框架的拟定并不是针对某个具体设计题目，而是以一种开放性架构提出研究问题的视角和方向，并且为教学提供课题研究的操作计划。课程教学以专题研究的方式切入某类主题，每一个专题可能只是某类主题研究的一个片段而非一个完整的系统。因此，营建教学的课程结构具有相当的灵活性，可以根据不同的教学目标进行调整。比如对于材料与构造类课程主题可以从多个侧面展开专题研究，可以从材料角度研究不同材料（木、砖等）与组合的不同表现形式，也可以从构造角度研究如何运用实际操作手段表达某种材料的物质性特征（力学特性、建造特性、视觉特性等）。

由于营建教学具有上述特殊性，在教学过程中适宜采用模块化教学运行模式。"模块化"就是把一个情况复杂、规模大的系统逐步分割为若干功能相对独立、情况较为简单的小程序、小问题。"模块"有两个特征：一是模块之间可以相互装卸，故而非常灵活和开放；二是模块之间密切关联，有助于研究的深化。模块化教学即为课程提供了同一主题下选择不同具体问题或任务的自由，又有助于针对某一问题进行多方面、多角度、多层次的深入研究，是一种比较好的课程开展形式。根据由易到难、由简到繁、由小到大的认知规律，营建认知的教学可以设计为五个模块（见图 3-8）。

3.2.2.1　模块一："立构—建构"过渡性营建训练

从建筑学的认知角度来看，立体构成是为了让低年级学生在初次接触本专业的时候对建筑的形体塑造建立一个框架，在形态识别的过程中，形成二维到三维

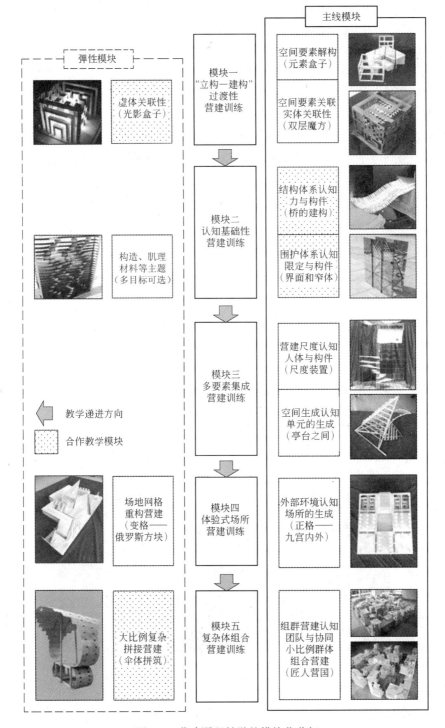

图 3-8　营建课程教学的模块化分解

的判断和组织的标准。与此同时，基于建筑学的立体构成很大程度上区别工艺、美术系列学科的训练原则，即空间形体的构成必须满足建筑实体的可实施性与工程方案的可操作性，并需要符合营建训练的基本功和工作方法的导向。因此，本模块作为空间技能的过渡性训练，是限定了材质、模数或结合方式等条件，采用可重复或标准化构件的空间构成任务[61]。

A　教学目标

启发学生将空间构成的手段进一步向工程性、实施性转变。给予基本要素、基本模数、空间边界、组合方式的特殊限定，充分表达空间的构思计划与技术方案。

B　训练内容

（1）深化立体构成的形态与空间素养训练，协调点、线、面、体的组成关系。

（2）基于营建的模块化特征，确定空间组织的"基本形—构件"的转换系统。

（3）通过模数系统，实验多种、多个基本形（构件）之间组合的秩序与手法。

（4）具体任务推荐为"元素盒子"、"双层立方体"、"格构"等小尺度内容（见图3-9）。

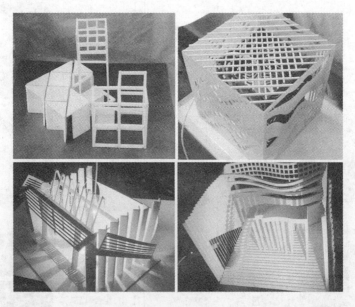

图3-9　浙江工业大学建筑系营建课程作业：空间元素认知（模块一）

C　课程操作

（1）本模块以学生个体方式进行训练，根据训练内容的复杂程度和课时量，具体人数宜控制在 1～2 人。由于本模块相对于其他立体构成具有更多的初始限定，教师与学生的配比宜在 1 人：(5～7)人，或者 1 人：(3～4)组。

(2) 教学路线采用"方案构思—基本形 + 骨骼拟定—组成稿比较—搭接实验—终稿"，课程讲授与指导量比例约为 1：3。

D 评分标准

学生成绩采用方案构思、模型制作的 1：2 的加权值，平时成绩作为附加分。

3.2.2.2 模块二：认知基础性营建训练

本模块旨在建筑设计基础环节对学生进行材料、质感、工艺、尺度的最为直观的感受训练。通过实体的实验、试错、操作以及团队组织、成本核算等各个细节的体验过程，让初学者真正建立建筑学的专业概念以及建筑设计职业化和工程化的特征。基于"立构—建构"的过渡性训练，本模块为第一个介入真实匠作场所的任务。相对立构中对点、线、面、体的组织秩序的要求，本模块首先给定一个较为基本和简单的空间和形态设定，训练内容立足人体操作的实际尺度下，突出对材料取样、质感肌理、连接结构等营建技术性指标的考察，以局部性建造实体来引导设计和表达空间[62]。

A 教学目标

采用直观体验的方式，引导学生接触空间局部营建的材质、肌理等要素，感受手工和机械操作流程，通过具体任务的解读与试验，以基本营建手法来表达和表现设计构思。

B 训练内容

(1) 通过材质限定、构件限定、骨骼限定等方式，完成建筑局部空间的营建。

(2) 采用模数化、基本形的构件，根据不同的重复、叠合、连接方式，实现给定空间体量内的实体限定，并探索其中构件之间多样化的搭接构造，实体为 1：1 或大比例建造。

(3) 充分利用材质的特性，以不同尺度下材质的表现力，进行实体的构思和意象传达。

(4) 建立空间营建基本的限定构件、结构构件的用途和原理概念，并应用于实体操作。

(5) 具体任务推荐为"界面"(围护体)、"桥与梁"(结构体)等基础元素训练 (见图 3-10)。

C 课程操作

(1) 本模块为学生分组式训练，根据任务书设定的复杂程度和工艺难度，每组人数可控制在 3～4 人。除了课程讲授之外，具体指导的师生比宜为 1 人：(7～9)人，或 1 人：(2～3)组。此外，根据营建过程中加工和试制的工艺需求，

图 3-10　浙江工业大学建筑系营建课程作业：材质结构认知（模块二）

配备操作指导的实验教师或外聘技师为每班 1 名。

（2）课程讲授课程中，包含建筑力学、建筑构造、建筑物理等原理和概念的教学，本部分可以结合"建筑学概论"的相关模块进行嵌入。

（3）教学路线采用"方案构思—基本构件选型—材料表达方案—小比例模型比较—局部搭接实验—工艺修改与调整—最终实体营造（含图纸绘制）"，课程讲授与指导量约为 1：3。

D　评分标准

学生成绩采用方案构思、实体表达、工艺制作、图纸绘制的 1：2：1：1 的加权值，平时成绩作为总成绩的附加分。

3.2.2.3　模块三：多要素集成营建训练

本模块是在营建认知的材料、肌理、质感和基本连接工艺基础上，进一步扩充多个营建对象之间关联与系统性，是基于特定主题的多模块组合营建训练。训练考察对象从单一的构件体，如墙面、桥身等局部实体，提升为独立式小型构筑物的整体对象，其中既包含多个构件元素生成独立单元的组织与连接关系，也包含多个独立单元组成整个营建体系统的过程。相对模块二认知性营建训练，本模块在构思和制作的程序上包含两个及两个以上的营建层次。从局部到整体，从单要素到多要素的转变，旨在对具有一定设计和制作认知度的学生，进行空间体生成的系统性、层次性、关联性的训练。

A　教学目标

培养学生建立多要素组合与系统性的空间营建观，学习和初步掌握多样化的构件组合与连接工艺，并合理利用不同材质、不同形状的构件性能，满足整体构筑物的使用需求或其他相关任务目标。学生通过小组协作，初步适应团队工作模式，并产生合理的分工效率。

B　训练内容

（1）设定营建构筑体的特定主题，针对主题进行系统性、多要素集成的训练。

（2）采用多层级的营建方案，针对不同尺度下的构件和材质要素，进行组合秩序和连接工艺的探索，寻找和使用最符合主题的营建表达方式。

（3）考虑不同材质之间的搭配使用与协调关系，或利用同一材料不同形态的构造与力学应用属性，达到多种构件元素的表达效果。

（4）要求制定明确的营建计划和团队的分工组织关系，并进行有效的材料成本控制。

（5）具体任务推荐为"尺度装置"、"亭阁"（含结构体）等集成构筑体训练（见图3-11）。

图3-11　浙江工业大学建筑系营建课程作业：构筑训练（模块三）

C　课程操作

（1）由于营建任务的复杂性和不同工作与工艺的分工性，本模块为学生分组式训练，学生宜为 4~6 人一组，师生比宜为 1 人：（8~12）人，或 1 人：（1~2）组。此外，根据营建过程中加工和试制的工艺需求，配备操作指导的实验教师或外聘技师为每班 1 名。

（2）由于训练任务的分工协作要求，本模块可以采取打通年级，跨班级组队的方式，学生可以根据行政班级、寝室单元等学习或生活的自然划分方式，灵活组织，以便形成课内与课外联动的学习时间统筹与工作效率提升。

（3）教学路线采用"方案构思—基本构件选型—材料搭配与表达—构件单元试制—局部搭接实验—整体拼装与调整—最终实体营造（含图纸绘制）"，课程讲授与指导量约为 1：3。

（4）本模块针对从单个要素、构件单元到整体的训练过程，需要进行中期的设计方案评估，指导学生针对实体组合与工艺实现的可行性进一步判断和落实。

D　评分标准

学生成绩采用方案构思、实体表达、工艺制作、图纸绘制的 1：2：1：1 的加权值，平时成绩作为总成绩的附加分。

3.2.2.4　模块四：体验式场所营建训练

本模块为建筑学营建领域的延伸，由局部或单体的构筑物拓展到场地与环境空间的延伸。在本模块训练中，实体空间（给定的场地及其环境）被设定为空间设计和营建的母体，各类构筑体被融入到基地中，设计包含构筑物及其外部场地，且强调以地形营建的方式，弱化与模糊场地环境与构筑体之间的界限。与此同时，实体空间的建造被设定或统领在特定的体验主题内，例如纪念场、休闲场、商业场等具有特征行为的环境背景。实体营建对主题的表达除了借助构筑体之外，还必须包括道路、开放空间、景观等场地要素的表达[63]，训练考察点要求学生从狭义的构筑空间生成，延伸到广义的行为体验的场所空间塑造。

A　教学目标

让学生掌握场地布局的基本法则，通过对不同功能主题下人行为的特征体验，设定与之相适应的场所环境以及其所涵盖的地形、开放空间、构筑体、流线空间的一体化营建。重点突出从地形格网为出发点的空间营建材料、元素和秩序，树立广义的营建视角。

B　训练内容

（1）引导学生自选和设定场所主题，针对主题功能下人的行为进行分析，了解和掌握基本的行进、停留、交往、使用、观演等场所的人流特征和空间分布形态。

（2）对不同的场地划分和布局方案进行比较，确定场地营建的秩序、轴线等限定要素。

（3）针对构筑体和场地营建，选择和采用相适应的材质，对构筑体内部和外部空间的连接进行多方案探索，形成人工-半人工-自然之间材质、构件的过渡与协调。

（4）要求制订明确的营建计划和团队的分工组织关系，并进行场所行为的分析。

（5）具体任务推荐为"九宫格"等多个场地单元格的组合场所训练（见图3-12）。

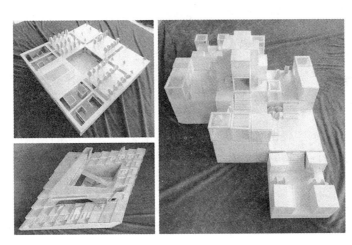

图 3-12　浙江工业大学建筑系营建课程作业：场所建构（模块四）

C　课程操作

（1）本模块为学生分组式训练，单个方案与营建组的学生宜为 3 ~ 4 人，相同方案主题的调研部分可以扩大组员数量，或多组共同完成。

（2）营建小组的师生比宜为 1 人：（8 ~ 10）人，或者 1 人：（2 ~ 3）组。此外，根据营建过程中不同材质和工艺需求，配备场地设计或景观设计教师每班 1 名。课程讲授课程中，包含环境行为、景观与场地设计的基础概念教学，可以结合"建筑学概论"的相关模块进行嵌入。

（3）由于训练任务的分工协作要求，本模块可以采取打通年级、跨班级组队的方式，学生可以根据行政班级、寝室单元等学习或生活的自然划分方式，灵活组织，以便形成课内与课外联动的学习时间统筹与工作效率提升。

（4）教学路线采用"场所与案例调研—概念方案构思—构筑体构件选择—外部空间材质设计—外部空间与构筑体过渡处理—整体拼装与调整—最终实体营造（含图纸绘制）"，课程讲授与指导量约为 1 : 3。

（5）本模块针对场地元素、构筑体单元的多层次，需要进行中期的设计方案考察，指导学生针对场所适宜性的评价和实体组合的可行性判断。

　D　评分标准

学生成绩采用方案构思、实体表达、工艺制作、图纸绘制的 1：2：1：1 的加权值，平时成绩作为总成绩的附加分。

　3.2.2.5　模块五：复杂体组合营建训练

本模块为建筑设计基础课程中营建认知训练的总结模块。模块训练具体分为两个方向：（1）以大尺度、多构筑体组合为任务，进行空间、材料、工艺的复杂营建，其对应模块为多要素集成营建训练的升级；（2）以大地形、群体化构筑单元的组合为任务，进行单元体、连接体、公共体（共享体）的系统性营建，其对应模块为体验式场所营建训练的升级。本模块任务为大团队（10 人以上）营建训练，学生组团内部分工更加多样，从方案构思到最终成型，生成步骤和工艺环节较多，能够提供学生综合性的营建认知体验。复杂体营建既是前期各个训练模块的整合，更是整个营建认知训练教学成效的体现。

　A　教学目标

培养学生深入了解从构件体—单元体—组群—整体的空间生成过程，理解不同形态和材料属性的结构体、围合体对整体方案的影响，学习和树立营建工作的团队合作意识、整体协同意识，并统筹解决工艺难点和组合秩序。

　B　训练内容

（1）根据课程配置要求，选择大尺度组合构筑体，或大地形群化单元体的营建。

（2）实行大团队工作的分工，让学生根据自身能力特征进行工作组织与执行的协调，形成有效的"个体—小组—大组—团队"的营建工作主体。

（3）以小组为单元，进行单元体的构思设计与营建，明确单元体的结构、形态、材质、工艺的具体方案，并设置与大团队总体方案的连接部件以及协同的空间秩序。

（4）以大组为公共体，协调各个单元体的布局位置、连接工艺、形态表达，同时根据整体网格、肌理和表达需求，对原有单体方案和实体进行优化性调整与修订。

（5）采用中间过程的试验方案或者工作模型的方式，探索和解决难点与协调性。

（6）具体任务推荐为"伞体拼筑"（大构件、大比例，见图 3-13）、"匠人营国"（大地形、群体性单元，

图 3-13　浙江工业大学建筑系营建课程作业：伞体拼筑（模块五）

见图 3-14）等复杂综合体的训练。

图 3-14 浙江工业大学建筑系营建课程作业：匠人营国（模块五）

C 课程操作

（1）本模块训练的学生团队为 10 人以上，其中单体或单元方案人数为每组 2 ~ 4 人，3 组（及以上）为团队整体，例如"匠人营国"的实体营建大团队是以班级为单位，整个营建工作包含 16 个单元体 + 4 个片区体，而"伞体拼筑"为三个单伞拼合为组伞形态。

（2）营建小组的师生比宜为 1 人：（4 ~ 6）人，或者 1 个大组整体营建团队配备 2 ~ 3 名指导教师。此外，根据营建过程中不同材质和工艺需求，配备实验指导教师或场地指导教师每大组 1 名。

（3）课程前期需要结合任务书，进行调研和案例分析，了解模块训练的任务、分工、内容与工作量，合理分配组员。本模块可以采取打通年级，跨班级组队的方式，学生可以根据行政班级、寝室单元等学习或生活的自然划分方式，灵活组织，以便形成课内与课外联动的学习时间统筹与工作效率提升，同样本模块也可以采用导师组队的方式。

（4）教学路线采用"案例调研分析—整体概念方案构思—单体/单元方案构思—材料与工艺选择—个体与群体的组合试制—整体拼装与调整—最终实体营造（含图纸绘制）"，课程讲授与指导量约为 1：4。

（5）本模块存在较多单元之间的磨合问题，需要进行中期的设计方案考察，指导学生进行针对个体方案适宜性的评价和实体组合的可行性判断。

D 评分标准

（1）训练内容上，按方案构思、实体表达、工艺制作、图纸绘制的 1：2：1：1 的加权值。

（2）考虑本模块对团队协作性和方案整体性的要求，学生个人的最终成绩为其所在大团队的整体分、大组分、个体分，三者成绩进行 2：3：5 的计算。

3.3　营建认知教学的绩效评价

对于课程教学的评价是一种在收集必要的课程与教学事实信息的基础上，依据一定标准对课程与教学系统的整体或局部进行价值判断的活动。课程评价可以起到检查、反馈、激励、研究、定向、管理等多方面的作用，具体体现在：评价可以发现问题，总结经验和教训，有利于后续课程质量的不断提高；可以给实施营建课程的教师和学生提供科学的反馈信息，使师生明确需要努力的方向，有利于激发和强化教师的工作动力以及学生学习的动力；评价也是检查教育工作的重要手段，可以使院系领导清晰地了解教师的工作情况和营建课程的教学质量（营建课程评价指标的体系构成详见表3-6）。

表3-6　营建课程评价指标体系构成参考

评价内容	评价分项	主要考察点	主要指标
课程建设评价	课程编制	课程目标	
		课程计划	课程环节计划
			课程学时安排
		课程内容设计	与理论课程的衔接程度
			适应性
			新颖性
		教辅资料	教材及教学文件
			教学资料建设
			实用性与新颖性
	师资队伍	队伍结构	
		教师自身教学水平与实践能力	
		教师学术水平（科研情况）	
	硬件配置	场地及设备	实验室、模型室及相应的室外场地
			仪器设备
			配置先进程度
			设备保养及使用情况
		经费	经费投入
			经费使用
			经费管理
教学成果评价	教学过程	教学管理	管理制度
			教学质量监督与检查
		课堂教学	课堂组织与指导情况

续表3-6

评价内容	评价分项	主要考察点	主 要 指 标
教学成果评价	教学过程	实践教学	指导的时效性
		课程改革	课程结构改革
			教学方法与技术手段改革
			考核方式改革
	教学效果	学生成绩反映	
		学生评价	已学学生
			在学学生
		社会评价	
学生成果评定①	过程评价	设计与建造各阶段成绩	考察重点在于对概念的分析与理解；建造作品结构的逻辑性和稳定性；对材料的理解和运用；可行性和经济性；团队协作精神
	成果评价	小组成绩	
		个人成绩	

①学生成果评定的主要考察点与指标根据具体课题设置情况会有差异，详见 3.2.2 节和下篇相关内容。

3.3.1 课程建设评价

课程建设的评价对象主要包括课程编制、师资队伍、硬件设备与经费等。

课程编制是营建课程理论的核心，包括课程目标、课程计划、课程内容设计、教辅资料等。课程目标、课程计划、课程内容的设计应与设计主干课有效配合，并关注与相关课程如"建筑构造"、"建筑结构"等内容上的有机整合。其中，课程学时需要根据具体的课题任务来制定（各院校根据自身情况所配置的课时数会有不同，有时甚至相差很大）。

师资队伍主要考察课程配置的教师队伍结构（教师学历、职称与专业资格等）、教师自身教学水平与实践能力、教师学术水平（与营建课程相关的科研情况）等方面。营建课程教学不仅需要建筑学专业教师的全程参与，同时需要其他相关专业教师甚至校外专家的介入，部分环节可能还需要专业工人的帮助。优良的师资队伍是营建课程开展的必要条件，也是课程目标顺利完成的保证。

营建课程所需的硬件与经费配备是课程建设中的重要环节。硬件配置主要考察课程对应的实践场地、工具设备及其配置的先进程度。其中，模型实验室作为硬件设施的一部分，在营建课程中发挥着很大的作用。欧美院校的建筑教育强调设计和实践的结合，重视学生动手能力，一般都建有相当规模的模型室，配备先进的仪器设备（见图 3-15）。国内院校的模型室建设与国外相比有相当差距，若开展营建课程就需要大力加强建设力度。但应该看到，在目前教育经费紧张的情

图 3-15　国外某大学建筑专业模型室部分设备[64]

况下，模型室的建设应该是一个逐年累积的过程。可以将有限的经费用在现阶段课程需要的设备上面（主要针对木材、泡沫、纸板等材料的加工），再根据需要逐步添加完善。营建课程的经费主要来自于学校的专项课程经费，部分可能来自学生自筹，还可以尝试寻求厂家的帮助，如免费提供材料。在国外的案例中，有的营建课程还寻求社区和社会团体的帮助，如有的课题项目将课程与社区住宅建设结合起来，可以得到社区的支持。

　　营建课程的开展与课程建设情况密切相关，各院校应根据自身的具体情况来确定营建课程开展的规模。课程规模主要体现为课时数量和参加的学生人数比例，在开设营建课程的实验性教学阶段，应该把规模控制在较小范围内，以避免在各方面条件没有成熟的情况下大规模开展对已有课程体系的影响与冲击，影响其他课程的教学。只有在条件逐渐成熟的基础上，才能逐渐扩大课程规模，包括师资力量是否足够，课时安排是否合理，场地、模型室、仪器配备是否完善等。

3.3.2　教学成效评价

　　教学成效评价主要针对课程教学的实施过程和实施效果，包括教学管理、课堂教学、实践教学、课程改革以及对师生相互作用形态的评价。

教学管理的考察对于建立完善的教学质量保障与监督体系有重要意义，包括开展教学督导、学生评教、教师评教和教师评学等活动，对教学过程进行跟踪检查与监控以促进教学质量的提高，同时通过对所获取的信息进行系统分析以促进课程框架的调整和培养方案的优化。

营建课程的实践性要求课程教学除了理论讲授之外，教师还需要对学生的设计与建造活动给予及时的指导与协助，因此教师在课堂教学与实践教学过程中的指导情况也是考察的重点。教师在现场的即时指导有利于发现问题并及时解决，特别在实际建造的环节，教师要在建造现场与学生交流沟通，对学生遇到问题时的解决手段与修改方案进行及时指导。

课程改革主要包括课程结构改革、教学方法与技术手段改革、考核方式改革，课程结构改革要能够反映当前社会技术先进水平和提高学生综合素质，教学技术手段应有效运用现代教育技术和虚拟现实技术，优化教学过程，提高教学质量和效率。

对于营建课程实施效果的评价包括学生成绩反映、学生评价和社会评价等。对于学生评价的跟踪调查应包括已学学生和在学学生，可采用问卷或座谈方式就课程内容、课程安排、教师指导情况、硬件配备与使用等方面收集学生对于营建课程的反应和建议。若课题项目是与社区或其他院校联合完成，还需要及时收集各相关方面的意见与建议，以作为课程建设与改革的参考。

3.3.3　学生成绩评定

营建教学的重点在于过程，在于学习过程中学生体验到了什么，而最终的成果可能是次要的，因此对学生成绩评定的意义主要在于其教育性功能，同时吸取经验为下次教学作铺垫。但作为一门课程，对学生的成果进行评定并给予成绩是必要的。

鉴于营建课程的特殊性，对学生成绩的评定应包括过程和成果两个部分，对于成果的评价一般是在课题任务完成后进行，而过程的评价则从课程一开始，一直伴随学生准备—设计—建造的全过程。每个学生都可以从老师或他人对自己的评价中得到不同方面的反馈信息，从中不断改进自己的学习和做事方式。在课程进行的每一阶段，教师都应及时组织大家对上一阶段的工作进行评价，教师可以提出意见，小组也可以对其成员进行评价。在阶段评价中，每个学生将会得到集中的对比信息，肯定的评价会增进学生的信心，否定的评价有益于学生在下一阶段进行调整。课程任务完成时，建造最后成果将进行展示，学生和教师可以结合展板、PPT 等进行公开讨论和讲评（见图 3-16），最后给小组和每个学生一个成绩（成果评价包含个人成绩和组队成绩）。教师不能只根据最后的成果作品打出

图 3-16　成果公开展示与评定

分数，至少应结合三方意见来综合评定学生的成绩：学生的自我评价、小组集体对学生的评价、教师组对学生的评价[64]。

　　营建课程教学的目的在于培养学生的创新精神、实践能力及社会能力，因此课程给予学生的评价应具有不同于传统课程评价的新特点，具体体现为：重视过程性评价，轻结果性评价；重形成性评价，轻终结性评价。评定时应遵循定量评价与定性评价相结合；以肯定性评价为主；强调差异性评价；强调评价的客观性等原则。无论是过程评价还是成果评价，考察的重点是：对概念的分析与理解；建造作品结构的逻辑性和稳定性；对材料的理解和运用；可行性和经济性；重视团队协作精神。进行评定时评委应当由不同专业的专家组成，其意见和建议对于课题的设计方案会有启发性作用。

■ 下篇

营建训练教学案例解析

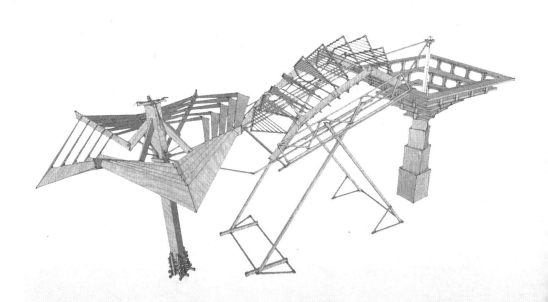

第4章 "立构—建构"过渡性营建训练

4.1 元素组构

"建筑必须是一个技术与艺术的集合体，而并非是技术加艺术。"

——奈尔维

4.1.1 训练任务与组织

4.1.1.1 教学目标

（1）本模块是建筑设计基础训练的转换环节，在立体构成基础上，引导学生从二维平面转向三维空间的组织力，并体现构件元素对空间表达的意义。

（2）构件元素的组合与建构是创造和生成空间的基本手段。本训练深化立体构成中不同元素的组织关系，强调学生对形状、质感、节点、骨骼等空间生成与表达方法的运用以及相应的基本构件处理手法。

（3）了解空间构成的点、线、面、块等不同元素形态，将空间构成的手段，进一步向工程性、实施性转变。在几何形的基础上，运用数理、逻辑思维等体现出模数秩序、形态节奏的空间美感。

（4）借助元素构件的集聚或限定，培养学生形成"立构—建构"观念转化，理解通过基本形、标准体对设定范围内营建方案的实现。

4.1.1.2 训练内容

（1）题目设定：

1）元素限定——内向性建构（可选内容）。

2）元素集聚——外衍性建构（可选内容）。

（2）阶段内容：

1）前期汇报：以小班为教学单位，每人提出 2～3 个方案构思，采用"草图＋草模"的表达形式，班内集体点评讨论。

2）中期模型制作：每人针对定案设计，选材制作 1∶2 草模。

3）最终成果：推敲和优化草模，完成最终模型和设计图纸。

（3）模型要求：

1）元素限定：设定 480mm×240mm×120mm 的盒子，限定其中的 5 个面，在盒子体块内运用各种手法划分体块，形成具有基本构件元素母题的空间组织方案，要求实体（图）和虚体（底）形成相互穿插的空间关联，材料根据构思来选择。

2）元素聚集：给定 100mm × 100mm × 100mm 的立方体，在等量体积条件下，切割为点、线、面、体四种元素中的一种或多种，依照切割的自然状态重新集聚放置在 400mm × 400mm 的底板上，要求采用模数化的元素进行组织，突出该元素形态上的特性，以节点和骨骼的方式，建立元素之间的逻辑。营建过程要求核算给定立方体上的取材经济性，通过合理的计算，物尽其用。

（4）图纸要求：图幅为 A1，内容包括构思说明，创意与主题的概念解析，构成、材质与工作过程照片。图纸分项应包含平面图、立面图、剖面图、轴测图（比例 1∶4），如有必要可画出阶段设计图。

4.1.1.3　重点难点

（1）首先需要区分建筑学形体构成与工艺美术类专业构成的区别，强化模块化、工程性、几何基本构件的组成条件，突出元素体、基本形在空间生成、材料表达、组织逻辑上的思维，培养初学者形成建筑学基础构成的认知。

（2）训练学生从二维平面向三维空间的元素组织提升，对采用元素体、单元化的空间构成手法进行强化，建立后续营建训练模块的认知基础和思维方式。引导学生建立清晰的空间层次观念、材料选择和取样技巧及其基础性的构件制作方法，实现初步的模型表达和图纸绘制能力。

（3）启发学生的思维意象，表达设计概念时的取舍扬弃，构成作品的立意和最后达成效果的一致性，独立完成从构思到实体制作的整个过程体验。

4.1.1.4　教学流程

本训练模块设定为 18 ~ 24 学时。

（1）深化立体构成的形态原理，着重讲解建筑空间构成的基本要素、构成手法、形式美法则，案例演示空间限定、流动性、层次性、整体性的表达。

（2）以班级为单位，每位学生提出 2 ~ 3 个方案构思，需要明确基本元素体、元素连接关系，整体形态主题，探索材料、质感与色彩的表达。

（3）选定和优化正稿方案，制定取材方案，按方案深化模型制作图纸。

（4）制作最终模型，优化和处理局部难点，集体展示与教师点评。

4.1.1.5　师生组配

本训练采用单个学生独立完成，以小班为单位，师生比宜为 1 人∶（5 ~ 7)人。

4.1.1.6　评分标准

本训练着重以元素体为基础的建筑学构成表达，强调学生对元素个体、组成单元和整体秩序的把握，要求模型和图纸表达准确精细。

（1）设计主题：考察方案所表达的空间主题、构成手法的创新性。

（2）要素组织与运用：基本要素设定是否合理，从构思到定案过程中，元素构件的形态特质表达程度，多种元素之间关联协调性。

（3）制作表现：元素体制作精细度，整体拼装的完整性与准确性。

（4）秩序感与韵律感：元素体设定采用的模数合理性，元素组合的形式原则以及整体的骨骼控制关系，整体方案的秩序感。

（5）取材经济合理性：针对元素取材体积，考察立方体提供有效元素构件的效率，构件元素相互之间的通用性和再利用程度。

（6）取分比例：主题构思 10% + 元素设定 15% + 秩序与模数控制 20% + 取材合理性 15% + 工艺表现 20% + 图纸表达 20%（见图 4-1）。

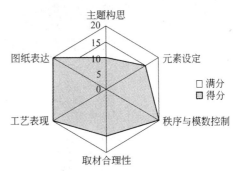

图 4-1 取分比例示意图

4.1.1.7 参考案例

元素组构可以由各种建筑材料在不同领域表达出来。运用几何元素营造不同空间氛围的方法，在建筑设计、城市小品设计、家具设计等领域都具有较大的相通性，其工程美学下的形态原则是参考重点，相关案例见表 4-1。

表 4-1 元素组构营建训练参考案例

序号	案 例	案例图片	说 明
1	金字塔		胡夫金字塔是埃及现存规模最大的金字塔，被喻为"世界古代七大奇观之一"，由纯几何形构成
2	乌德勒支住宅		里特维德设计的这座住宅大体上是一个立方体，他将其中的一些墙板、屋顶板和几处楼板推伸出来，稍稍脱离住宅主体，形成横竖相间、错落有致、纵横穿插的造型

序号	案　例	案例图片	说　　明
3	上海世博会中国馆		利用木条的叠合，通过一种元素、一种肌理模仿中国古建斗拱，形成立体感，这也是营造的一种方式
4	美国国家博物馆东馆		巧妙地运用了三角形这个母题，将体块切割，组合形成新的形体，完美体现了三角形的锐感
5	范斯沃斯住宅		巧妙将线面结合体现了建筑的轻盈特质
6	家具"三色椅子"		在家具构成中也往往会用到几何形，简单简洁

4.1.2　作品案例分析

[案例4-1]　"线·面·体"组构

（1）设计意象：

正负空间，模数，体量连接。

（2）设计自述。该元素组构在构思中以工程设计模数为出发点，将立方体每个面均分割成3×3共27个小立方体，以每个小立方体作为最基本的单元母题进行虚实变化。同样的，单元与单元之间既可以是对立的也可以是相同的，相同的单元体连接既可看做有分隔的两个独立体也可看做是相连的长方体，可实可虚。以此组成的立方体，虚实相生，相互对立又紧密相连，共同构成了整个空间关系，各角度透视图如图4-2所示。

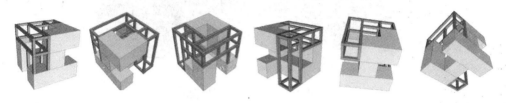

图4-2 组构各角度透视图

（3）生成图解。组构块体生成图解如图4-3所示，具体步骤如下：

第1步：以模数化的形式将立方体等分为27个小立方体作为最基本的形体单元。

第2步：每个单元可以成为虚体即只有框架限定空间或者成为实体即封闭的体块。

第3步：通过加法和减法形成连续变化的实体和虚体，它们之间互相构成了一种正负形的关系。

第4步：框架和体块共同合并成为完整的立方体。

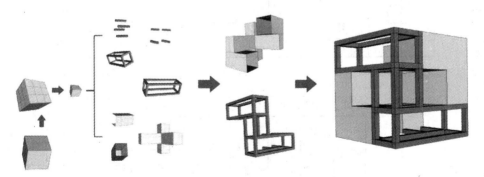

图4-3 块体生成图解

（4）实体组构。实体组构模型顶视图如图4-4所示。

（5）材料运用：

主材：3mm厚纸板，截面5mm×5mm木条。

辅材：KT底板。

（6）营建过程：

1）在纸板上进行取样；

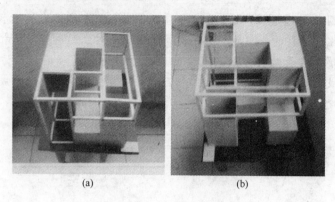

图 4-4 不同角度模型顶视图

(a) 角度一；(b) 角度二

2）搭建框架形体，裁剪生成实体部分；

3）将实体体量与虚体框架进行连接；

4）选择底部结合点固定于基座。

（7）设计图样。组构各平面图如图 4-5 所示。

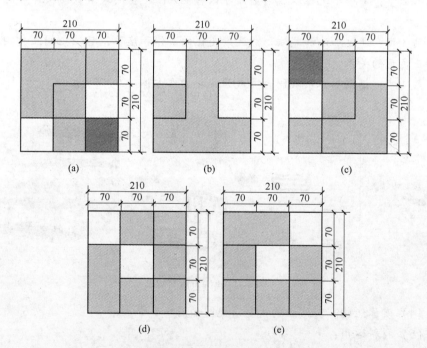

图 4-5 组构各平面图（比例 1：2.5）

（a）平面图；（b）北立面图；（c）南立面图；（d）东立面图；（e）西立面图

（8）评分情况。评分计算比例图如图 4-6 所示，具体评分情况如下：

7分(主题构思) + 12分(元素设定) + 17分(秩序与模数控制) + 14分(取材合理性) + 17分(工艺表现) + 18分(图纸表达) =85分

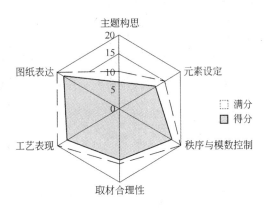

图4-6 评分计算比例图

(9)教师评语。该方案立足于线、面、体的基本关系进行发展,利用立体"俄罗斯方块"的组合方式,形成虚实对比的特征,总体来看立方体元素的组织手法较为单一,层次略显不足。

[案例4-2] "三色体"组构

(1)设计意象:

色彩组配,对比,衍生。

(2)设计自述。本构思运用红、黑、白三色对线体元素进行区分组配。设计中强调棱角分明的网格规则,配上纯色实体背景,体现出现代感建构特征。在错落的构成中,分为主次两组元素体的秩序性,是一种衍生关系的反映。红、白、黑三色将一个正方体进行分割,其中红与黑作为主体,黑与白作为次体,主次之间再加入尺度和体量的区分,形成一种对比体验,同时也增加了主体对次体的衍生关系,产生动态的非均衡平衡感。

(3)生成图解。组构形态生成图解如图4-7所示,具体步骤如下:

第1步:划定基本立方体框架形态,确定线框的体量关系和分割布局。

第2步:从二维生成三维,确定整个方案的主体和次体关系,进一步确定基本的元素体大小、模数和表达方式。

第3步:将主体和次体进行错动,形成一种衍生且协调的空间形态关系。通过红、黑、白三色,进行立方体元素网格和实体的划分,推敲其中的呼应与协调性。

第4步:重组已有的元素,形成红黑(实体关系)为主体背景,黑白(虚体关系)为次体前景的设计主题,确定构件模数与持续的最终关系。

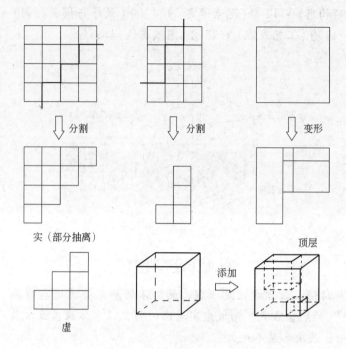

图 4-7 组构形态生成图解

（4）实体组构。实体组构模型各角度透视图如图 4-8 所示。抽象组构顶视图和透视图分别如图 4-9 和图 4-10 所示。

图 4-8 实体组构模型各角度透视图

（5）材料运用：

主材：截面 10mm×10mm 木条，截面 5mm×5mm 木条，杉木板。

辅材：底板，喷漆。

（6）营建过程：

1）设定立方体尺寸；

2）进行木条和木板的放样取材；

3）组合框架单元和实体单元；

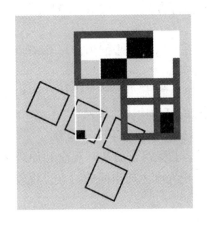

图 4-9 抽象组构顶视图

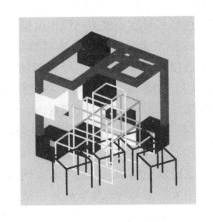

图 4-10 抽象组构透视图

4）结合部喷漆；

5）将各部件拼合组装。

（7）评分情况。评分计算比例图如图 4-11 所示，具体评分情况如下：

8 分（主题构思）+ 13 分（元素设定）+ 18 分（秩序与模数控制）+ 14 分（取材合理性）+ 19 分（工艺表现）+ 19 分（图纸表达）= 90 分

（8）教师评语。该方案通过主体和次体、红黑白三色，形成了多个层次的元素组构关系。其中主、次体的关系协调且明确，注重虚实和色彩上的对比关系。设计中所运用的模数为倍数关系，体量表达较为适度，规则和不规则元素体的结合较为有机，色彩运用较为合理。

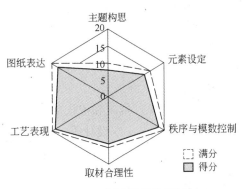

图 4-11 评分计算比例图

4.2 双层魔盒

　　"建造的艺术永远意味着将各种要素组织成一个整体以围合出空间。"

——贝尔拉格

4.2.1 训练任务与组织

4.2.1.1 教学目标

（1）学习从单个形体向组合形体的空间组织延伸，通过三维形体中不同层次的空间要素的相互渗透、对应、连接、相似等方法，营建具有空间形态、肌理、色彩和材质系统的构筑体模型。

（2）培养学生建立形态组织与色彩、材质表达的初步能力，培养学生形态审美的修养，帮助学生了解形态之间的相互关系。

（3）初步培养学生对于各类构成之间的转化能力，使其逐步从立体构成的思维模式、形态认知，转向界面、节点、肌理的可建构体的认知。

（4）培养学生将构成基本理论运用于具体材料和制造手段的能力。

（5）进一步强化形态秩序、模数等建筑学工程营建的基础观念和原理，培养学生辨别不同形态尺度下的多种元素组构、填充和生成空间的特点，将较抽象形态生成能力与构筑体营建的手法工艺相结合。

4.2.1.2　训练内容

（1）题目设定：双层魔盒。

（2）阶段内容：

1）前期汇报：以小班为教学单位，每人提出 2 ~ 3 个方案构思，采用"草图 + 草模"的表达形式，班内集体点评讨论。

2）中期模型制作：每人针对定案设计，选择材料制作 1∶2 草模，点评草模方案与设计。

3）最终成果：推敲和优化草模，完成最终模型和设计图纸。

（3）模型要求：本设计是一个双层嵌套的立方体设计与制作，空间模型要求表达出"box in box"的层次关系，通过材质、肌理、色彩等方式完成对标准立方体内外的实体建构。

模型尺寸要求为 300mm × 300mm × 300mm 立方体，内体离外壁 50mm，即 200mm（长）×200mm（宽）×250mm（高）。除立方体与基座相连的底面外，搭建内体与外体各个表面的实体限定界面。模型要求外层至少有 2 个面为虚透效果（用于内部立方体的观察）。内外立方体的表面或夹层的构造必须有基本的空间单元形。构图方法可以采取集聚或限定等多种手法，模型制作的材料不限，但宜采用两种材质的对比为好，要求使用至少一种带彩度的色彩元素进行空间构成的组织与区分。

（4）图纸要求：图幅为 A1，内容包括构思说明，创意与主题的概念解析，构成、材质与工作过程照片。图纸分项应包含外层立方体和内层立方体的平面图、立面图、剖面图、轴测图（比例 1∶4），如有必要可画出阶段设计图。

4.2.1.3　重点难点

（1）着重解决形态在三维空间和多层次状态下的关联性、系统性。

（2）在经营空间界面和腔体的过程中，强化材料、质感、色彩在形态中的表现，鼓励学生运用新材料，在设计中融入材料的体量感、可塑性等特性。并在模型制作过程中学习工艺和构造方法对形态生成的影响。

（3）启发学生的思维，能够在设计推敲中取舍扬弃，构成作品的立意和最后达成效果的一致性，独立完成从构思到实体制作的整个过程体验。

4.2.1.4 教学流程

本训练模块设定为 18～24 学时。

（1）讲授空间组合体构成原理，着重讲解肌理与材料对实体的表现。

（2）以班级为单位，每位学生提出 3～5 个平面构成方案构思，课堂讨论和点评立方体生成方案，根据形态、材料等差异性分析对比，选定可进行深入的方案。并在此基础上形成外层和内层"魔盒"的一体化方案，同时推敲色彩和材料应用对本方案形态表达所产生的意义。

（3）对双层立方体的草模进行形态、色彩、空间的推敲，确定最终方案。着重解决形态在三维空间和多层次状态下的关联性、解决基本构成单元和模型制作工艺。进一步细化材料、质感、色彩在本方案中表现的构思特色，并在模型制作过程中探索小体量构筑加工的方法。

（4）制作最终模型，绘制设计图纸，集体展示与教师点评。

4.2.1.5 师生组配

本训练要求 2 人一组合作完成，以小班为单位，师生比宜为 1 人：（3～4）组。

4.2.1.6 评分标准

本训练着重融合三维体的肌理构成、材料构成和色彩构成，强调学生对层次性、秩序性和整体性的把握，要求模型和图纸表达准确、精细。

（1）设计主题：考察方案所表达的空间主题、构成手法的创新性。

（2）形态要素构成：对内外"盒体"生成的基本形设定是否合理，界面与腔体的构成元素是否具有紧密的关联性和延伸性。

（3）秩序模数控制：对内层与外层形体的控制是否采用特定的网格、尺度和轴线控制，对其中形态元素组织秩序性表达程度。

（4）材质色彩协调：考察内外 2 个单盒体的材质色彩、各自完整性，对内外之间的连接部分考察材质色彩的对比关系与协调性。

（5）模型图纸表现：考察模型制作所采用的小构造方法以及整体模型制作工艺对方案构思的展现，检查图纸绘制的准确性和美观性。

（6）取分比例：主题构思 15%＋形态要素构成 25%＋秩序与模数控制 20%＋材质与色彩协调 20%＋模型图纸表现 20%（见图 4-12）。

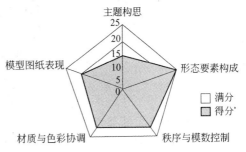

图 4-12 取分比例示意图

4.2.2 作品案例分析

［案例4-3］ 线的异质同构

（1）设计意象：

线元素，表皮缠绕，虚实。

（2）设计自述。本方案选取线性元素对内外两个立方体进行构成，内外线条分布通过在外虚内实双层表皮中的缠绕，形成模数控制下的线条路径，其中包含平行、转折、螺旋等走线方式，色彩选择使用经典的红、黑、白进行搭配，内外既相互融合，又具有鲜明对比。

（3）生成图解。内外表皮生成图解如图4-13所示，具体生成步骤如下：

第1步：确定外部立方体形态，将外部四个表皮进行展开处理，形成四个正方形组合的平面，通过5mm黑色线条的平行、环绕等走线关系，填充整个表面后再叠回立方体。

第2步：采用第1步的方式，对内层立方体表皮采用先平面展开，后立体生成的方式，其中填充和走线选择10mm的白色线条为主体，与外立方体表皮形成对比关系。

第3步：将内外两个立方体进行嵌套，其中外立方体采用虚体材质，内立方体采用实体材质，让内立方体（图）向外立方体（底）进行渗透，形成内外统一变化的营造形态。

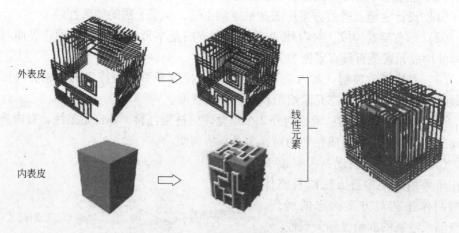

图4-13 内外表皮生成图解

（4）实体组构。实体组构模型各角度透视图如图4-14所示。

（5）材料运用：

主材：截面10mm×10mm木条，截面5mm×5mm木条；有机玻璃；PVC

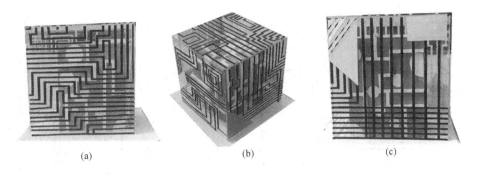

图 4-14 实体组构模型各角度透视图

板材。

辅材：喷漆，黏胶，KT 底板。

（6）营建过程：

1）量取剪裁有机玻璃片，制作外层立方体的各个界面，将外层 5 个界面进行相互连接，形成一个完成的展开界面，并在其上用 5mm 的黑色喷漆木条，按设计图样进行拼贴，完成后重新拼回外层立方体的形态；

2）量取剪裁 PVC 板材，制作出内层立方体的表皮单元，使用红色喷漆均匀上色，量取 10mm 木条，使用白色喷漆上色，按照设计图样，在展开立面的内立方体表皮上进行拼贴，完成后重新拼回内层立方体形态；

3）根据内层和外层立方体各个界面的编号，进行内外对应，将内层立方体首先固定于底板上，再按底板放样位置，套入外层立方体，并将二者进行固定。

（7）设计图样。外表皮内立面图和内表皮外立面图分别如图 4-15 和图 4-16 所示。

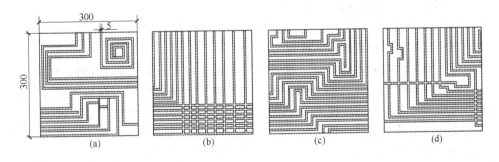

图 4-15 外表皮内立面图

（a）南立面；（b）西立面；（c）北立面；（d）东立面

（8）评分情况。评分计算比例图如图 4-17 所示，具体评分情况如下：

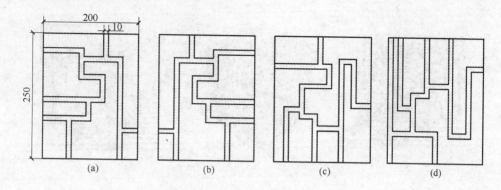

图4-16　内表皮外立面图

（a）南立面；（b）西立面；（c）北立面；（d）东立面

13分（主题构思）＋23分（形态要素构成）＋18分（秩序与模数控制）＋18分（材质与色彩协调）＋18分（模型图纸表现）＝90分

（9）教师评语。该设计采用线性元素来统一内外立方体的表皮组织，具有逻辑性和模数控制。其中线条和底面在粗细、颜色上都进行了差异化协调，内外呼应，

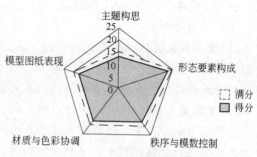

图4-17　评分计算比例图

创造出"共鸣"的效果，整体设计营造简洁鲜明，虚实关系清晰，但在外界面上的黄色点缀略显多余。

［案例4-4］　流动的图底反转

（1）设计意象：

图底反转，曲线流动，肌理转化。

（2）设计自述。本设计以"减法"的方式进行立方体表皮构成的图底反转，设计以波浪的动态流线组织立面，通过"挖掘"流畅的曲线面和圆阵列，形成展开立面上的整体和连续性流动，进而形成一种自外向内的观察体验，内表面采取的是与外表面相同的构成元素，色彩上通过经典的红黑搭配，增加双层魔盒内外之间的和谐性和进深感。

（3）生成图解。表皮纹理生成图解如图4-18所示，具体生成步骤如下：

第1步：确定内外部立方体的尺寸和形态，使用"一"字方式，将各个立面进行边长连接，形成展开平面。

第2步：根据设计图样，在外立方体表皮上进行纹样表现，其中带状曲线和

圆点阵列均采用切割方式。

第3步：将外立方体的设计图样进行反向布置，表达于内层立方体表皮上，由于尺寸变化，将其中带状曲线改为线条曲线，并缩小圆点尺寸，同样切割成材。

第4步：加入顶盖设计，沿对角线方向，布置成平行线条的肌理，其中内外立方体的线条呈正交布局。

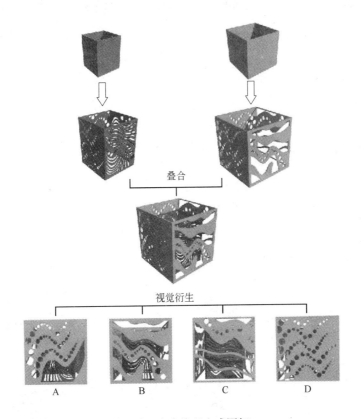

叠合

视觉衍生

A　　　　B　　　　C　　　　D

图4-18　表皮纹理生成图解

（4）实体组构。实体组构模型各角度透视图如图4-19所示。

（5）材料运用：

主材：5mm厚黑色、红色PVC板，截面3mm×3mm木棒。

辅材：黏胶，背胶纸，PVC底板。

（6）营建过程：

1）量取外立方体展开立面的尺寸，剪裁红色PVC板材，使用背胶纸绘制外立方体的曲线带和圆点阵列的设计图样，并粘贴于板材表面，按图样进行板材图形切割，并分割成四个立面；

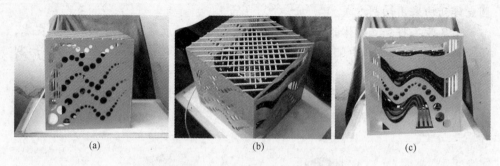

图 4-19 实体组构模型各角度透视图

2）量取内立方体展开立面尺寸，剪裁黑色 PVC 板材，同样采用背胶纸，绘制切割完成内立方体各个表面制作；

3）撕掉背纸并清洁表面，将切割的立面按照编号顺序进行拼贴；

4）在底板上预先设置榫槽，将内外立方体各立面按编号插入榫槽并固定；

5）量取剪切 3mm 厚木棒，按模数平行卡榫在两个立方体的顶部，由内而外呈正交关系。

（7）设计图样。组构各立面图如图 4-20 所示。

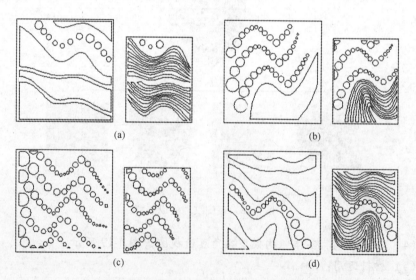

图 4-20 组构各立面图
（a）西立面；（b）南立面；（c）东立面；（d）北立面

（8）评分情况。评分计算比例图如图 4-21 所示，具体评分情况如下：

12 分（主题构思）＋ 23 分（形态要素构成）＋ 17 分（秩序与模数控制）＋ 18 分（材质与色彩协调）＋ 18 分（模型图纸表现）＝88 分

（9）教师评语。该设计构思体现较强的整体性思维，设计中充分利用内外两个立方体的展开立面进行构成和制作，具有较好的表皮肌理组织的连续性。整体来看，线形、带形和圆点阵列处理较为统一，但是顶部采用木条的处理缺乏考虑，与整体基调不统一。

图 4-21　评分计算比例图

4.3　光影容器

"建筑是光线下形状正确、绝妙、神奇的游戏。"

——勒·柯布西耶

4.3.1　训练任务与组织

4.3.1.1　教学目标

（1）启发学生理解光对构筑体空间营造的作用。从不同角度和强度的光投射方式，分析和实验光对构筑体元素组织的影响，进一步以外投光和内透光为要素，区别艺术立体构成与建筑学专业空间营建的差异性。

（2）结合建筑学概论中对建筑物理光学的原理认知，了解自然光和人工光对于构筑物空间氛围制造的特殊作用，充分了解光效与阴影之间相互生成且相互联系的形态特征，进一步感受建筑构件对光影形态的生成法则。

（3）从艺术和技术多个层面考虑各种常用功能和艺术空间的采光设计，掌握各类不同构件材料对遮光、滤光、透光、反射等光效特征以及构件形态和阴影载体的形态关系，了解材料肌理的光影形态组织规律。

4.3.1.2　训练内容

（1）题目设定：自行选定一个光环境主题，实际构筑场景要求为 15m（长）×10m（宽）×15m（高）三维边界内，构筑体的容积为 1800～2400m³ 的空间，通过构件组合来受光和成影。光构件包括采光、受光、成影以及其他特殊构件（传播、反射、折射）。

（2）阶段内容：

1）前期汇报：以小班为教学单位，3 人一组，提出 2～3 个方案构思，采用"草图＋草模"的表达形式，班内集体点评讨论。

2）中期模型制作：每组针对优化方案，选择材料制作 1∶100 草模，根据光不同投射角度和方式做光效模拟，进行通过照片和动画影像表达光影变化特征，调整方案中光构件布局方式。

3）最终成果：根据定案的构件和构筑体组合形态，制作正稿模型，并绘制成果图纸。

（3）模型要求：模型底板尺寸为500mm×400mm，模型比例为实际光环境场景的1∶50，营建使用的材料不限。要求光影表达的参数包含：外入光高度角60°，方位角±30°，±60°，90°（五选三）。自定方式的构筑体内透光表达一组。

（4）图纸要求：图幅为A1，内容包括光环境主题说明，设计构思图，模型照片（四组光影表达各2张），图纸1∶100（要求带入射光，角度自选一个的平面图1个，剖面图2个，光影构筑体的分解轴测图各一组，剖轴测图或剖透视图1个）。

4.3.1.3 重点难点

（1）学习和运用采光、遮光、透光、反光等方法，营造多样性的光环境主题，将光空间与实体空间进行关联，寻求不同视觉体验的形态氛围。

（2）训练学生寻求光的功能性和艺术性作用的统一，在物理功能得以满足的条件下通过光的运用积极营造空间气氛，逐步从立体构成引入空间营造的思维方式，强化构件元素对空间体验的控制性。

（3）通过光影训练理解建筑空间内部和外部的区别，通过引入入射光来统合、连接或分割内部空间，借助光线焦点变化丰富空间层次，引导空间运动。

4.3.1.4 教学流程

本训练模块设定为24～30学时。

（1）讲解光作为环境主题生成元素对空间营建的重要作用。基于建筑学概论中的建筑物理光学认知，介绍建筑采光、受光、遮光等原理。

（2）小组针对拟定的光环境主题提出2～3个草案，构思中明确采光、遮光、透光、受光、成影的方式，探索不同构件形态和材料的光感特征。

（3）选定方案进行深化，模拟光场环境对草模进行优化，利用光源的移动寻查构筑体光影的变化轨迹，调整优化构件和材质设计。

（4）制作最终模型，进行暗房展示点评，绘制设计图纸。

4.3.1.5 师生组配

本训练以小班为单位，3人一组，师生比宜为1人∶（3～4）组。

（1）组长：协调设计和制作，分配成员工作，负责整个工作进度安排。

（2）组员：按各自分工深化方案，加工构件，绘制分项图纸，参与方案讨论，对光影设计进行记录，合作完成模型与设计图纸。

（3）主导教师：指导学生进行主题构思、光空间营造优化，把握模型工艺和图纸表达的训练要求，协调小组之间人员工作，进行作业点评。

（4）辅讲教师：针对建筑物理中光学原理进行解析，解决光源设计等辅助技术问题，帮助各小组进行工艺和成本优化。

4.3.1.6 评分标准

本训练重点在于以光空间表达为目的的营建认知训练，强调学生对构件元素光感方式的体现以及材料光性能的运用，要求模型和图纸表达准确精细。

（1）主题构思：对方案设定的光环境主题及其构思的表达进行考察，评价光影所形成的构筑体场所意境，光效运用的创新性。

（2）光影秩序控制：遮光、透光等手法的运用是否符合设计的空间主题控制，明与暗、光与影之间的对比是否在视觉体验上具有秩序性。

（3）构建元素表达：对用光和承载阴影的构件元素的设置是否合理，不同光效作用的构件元素之间是否协调，并具有空间的整体性。

（4）材料运用合理性：考察受光构筑体对不同材料光效特性的处理手段，评价不同材料搭配对实体空间与虚体光影处理的效果。

（5）图纸表现：图纸表现是否完整反映光影关系，制图是否准确。

（6）取分比例：主题构思 15% ＋光影秩序控制 25% ＋构件元素表达 20% ＋材料运用合理性 20% ＋图纸表现 20% （见图 4-22）。

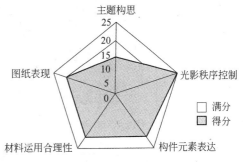

图 4-22 取分比例示意图

4.3.1.7 参考案例

光可以由各种建筑材料在不同领域表达出来。可参考安藤忠雄等大师在不同空间氛围中对光的不同运用，相关案例见表 4-2。

表 4-2 光影容器营建训练参考案例

序号	案例	案例图片	说明
1	万神庙		屋顶的圆孔直径为 8.9m。圆形顶窗的面积为 63m^2，顶窗投射下来的巨大光斑随着时间的变化而移动，使人仿佛置身于宇宙之中

序号	案　例	案例图片	说　明
2	光之教堂		整个建筑的重点就集中在这个圣坛后面的"光十字"上，它是从混凝土墙上切出的一个十字形开口。白天的阳光和夜晚的灯光从教堂外面透过这个十字形开口射进来，在墙上、地上拉出长长的阴影
3	朗香教堂		朗香教堂的窗户开洞无规律性，利用墙厚使窗洞内大外小，又采用了各色的彩色玻璃，沿袭了中世纪的彩色玻璃和宗教的神秘色彩
4	卡洛斯卡帕的窗户		角窗的处理使光在各个面上的投影各不相同，细部充满变化

4.3.2　作品案例分析

［案例 4-5］　光之界面

（1）设计意象：

曲线界面，弧线叠加，凹凸肌理。

（2）设计自述。本设计构思为界面光效的表达，光容器设计了三个围合面，通过不同面的凹凸形态、开洞肌理的组织来生成光影关系，其中曲面界面、渐变界面、阶梯状窗洞以及建筑内部盘旋而上的阶梯，对不同角度和强度的光投射模式，展现了光对构筑体元素组织的影响。光影容器主要借助实体材料的不透光性实现光影变化的强烈对比和丰富的空间层次，其透光构件、受光构件和成影构件在光的渲染下具有清晰的动感，营造出强烈的视觉效果。

（3）生成图解。形态生成图解如图4-23所示，具体生成步骤如下：

第1步：设定容器受光的主界面，通过层次分明的曲面及在面上有秩序的方洞肌理来营造具有模数控制的采光构件单元。

第2步：将容器侧界面设置为不透光属性，通过有秩序的凹凸以及不同方向的窗洞成为主界面偏光投射下的立体影子载体。

第3步：将容器另一侧面运用阶梯状平移凹凸的手法，形成了有序叠加的肌理，同样作为主界面的影子投射受体构件。

第4步：容器内部根据凹凸肌理，采用阶梯盘旋的限定，使光从不同角度射下时形成曲线阶梯的动感阴影，成为内透光的发生器。

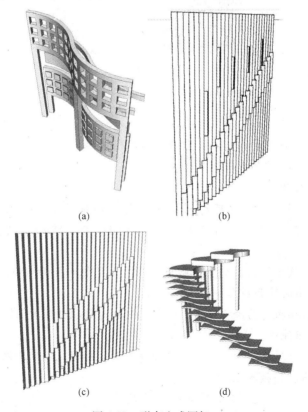

(a)　　　　　　　　　　　　(b)

(c)　　　　　　　　　　　　(d)

图4-23　形态生成图解

（4）实体组构。实体组构模型各角度透视图如图 4-24 所示。

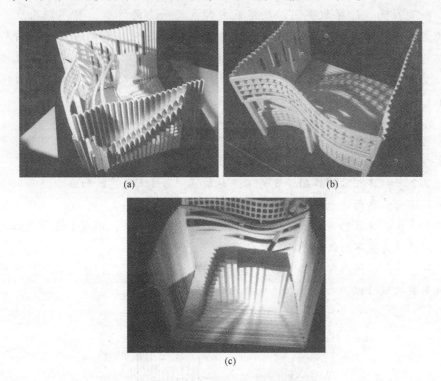

（a）　　　　　　　　　　　　　　　　　　（b）

（c）

图 4-24　实体组构模型各角度透视图

（5）材料运用：

主材：5mm 厚雪弗板，3mm 厚雪弗板；3mm 厚瓦楞纸。

辅材工具：KT 底板，模型胶，射灯。

（6）营建过程：

1）根据设计尺寸量取瓦楞纸板，进行双面剪裁黏合，形成错落有序的正反锯齿形界面，确定窗洞位置，切去窗洞部分，将两侧凹凸界面支撑成框架；

2）制作曲线主界面，量取雪弗板，将其裁成矩形并开好窗洞，贴紧曲面模具加热，生成曲面界面形态并固定；

3）裁剪雪弗板作为阶梯组件，将其排列成盘旋状并依次固定于中心支撑上，完成容器内部组件；

4）容器底板通过雪弗板条处理成阶梯表面，并固定内部阶梯平台；

5）调试角度，接入光源。

（7）光影分析。光影分析图如图 4-25 所示。

（8）设计图样。模型顶视图和侧视图分别如图 4-26 和图 4-27 所示。

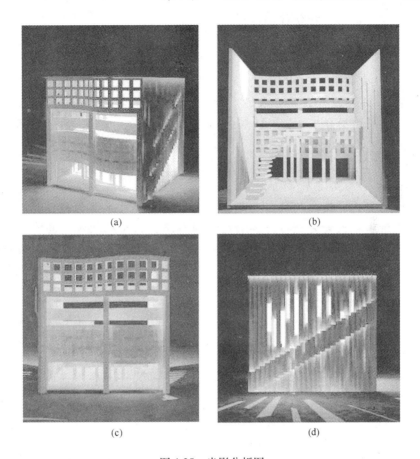

图 4-25 光影分析图

(a)室内顶光下的外部光影;(b)室内顶光下的光影;(c)室内顶光下的正立面;(d)室内顶光下侧立面

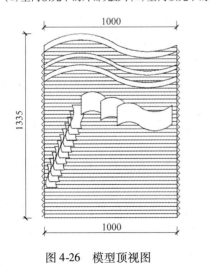

图 4-26 模型顶视图

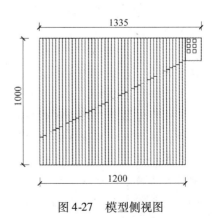

图 4-27 模型侧视图

（9）评分情况。评分计算比例图如图 4-28 所示，具体评分情况如下：

14 分（主题构思）+ 24 分（光影秩序控制）+ 17 分（构件元素表达）+ 20 分（材料运用合理性）+ 18 分（图纸表现）= 93 分

（10）教师评语。该方案运用不同界面的光影关系，明确出曲

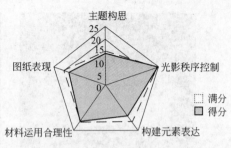

图 4-28　评分计算比例图

线主界面的受光、透光构件以及两侧受光和受影的次界面构件，其光影空间组织关系清晰。设计建造中对界面的开洞布局、锯齿肌理控制具有一定的秩序，两种材料的搭配浑然一体，融合度较好。整体来看，向主界面投射的光影效果层次丰富，曲线灵动，模型简洁、干净，但对侧界面和内透光设计欠考虑。

［案例 4-6］　光影殿堂

（1）设计意象：

解构，殿堂，台口空间。

（2）设计自述。本方案构思借鉴宗教殿堂的光影空间体验感，通过解构的手法将廊柱、骨架、屋顶等进行区分，明确出以 V 柱廊为主界面的光影表达容器。不同光影界面采用折面肌理和骨架韵律来实现受光和成影的载体，许多构件兼有二者作用，产生丰富的立体效果。容器内部空间的设置上采用了三角形框架，通过平移整列的手法在光源下形成有秩序的光影形态。在顶部细部边缘处理上，采用了格栅的手法将光源分割发散，形成丰富而细微的立面阴影。

（3）生成图解。形态生成图解如图 4-29 所示，具体生成步骤如下：

第 1 步：以侧面为基础，形成容器框架，侧面形态以七根折角柱形成锯齿形界面，立柱之间以空隙生成内部光线渗透效果。

第 2 步：容器背面作为主要的影子受体构件，采用横向弧线界面，其主立面和侧面生成的影子能够在背板上形成弧线渐变特征。

第 3 步：容器内部采用解构手法，使殿堂顶部结构暴露，形成三角形阵列的平行框架，使得内部阴影清晰并增加层次变化。

第 4 步：以容器底板为平台，进行各个界面和骨架的拼装，调试各个角度光线投射的变化特征，在此基础上优化肌理和构件数量。

（4）光影分析。光影分析图如图 4-30 所示。

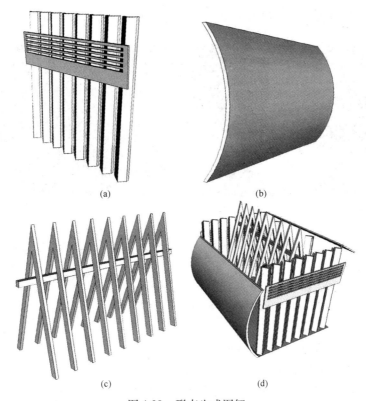

(a)

(b)

(c)

(d)

图 4-29　形态生成图解

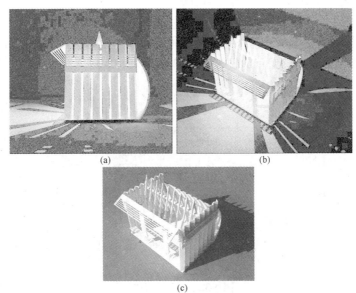

(a)

(b)

(c)

图 4-30　光影分析图

(a)室内顶光源下的侧立面光影效果图;(b)室内顶光源下的轴测光影效果图;(c)日光下的光影效果图

（5）实体组构。实体组构模型不同角度透视图如图4-31所示。

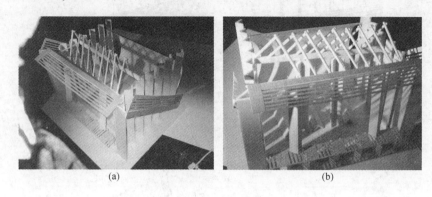

(a)　　　　　　　　　　　　　(b)

图4-31　实体组构模型不同角度透视图

（6）材料运用：

主材：3mm厚雪弗板，卡纸，PVC条。

辅材工具：KT底板，模型胶，射灯。

（7）营建过程：

1）量取雪弗板裁剪成条，每两片拼接成一个三角形立柱，将其一字形排列在底板上，形成两个侧面；

2）将两侧面中间架上一根横向立柱，裁剪PVC管拼接成三角形框架构件，将其悬挂在横向立柱上，并与周边黏合固定；

3）裁剪卡纸，将其弯曲形成曲面固定在侧面之间形成背面界面；

4）制作格栅状卡纸片，分别固定于建筑的顶部边缘以及正面。

（8）设计图样。模型立面图如图4-32所示。

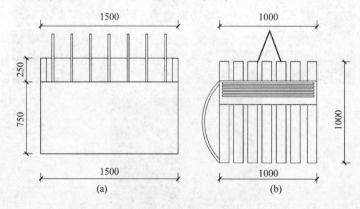

(a)　　　　　　　　　　　　　(b)

图4-32　模型立面图

（9）评分情况。评分计算比例图如图4-33所示，具体评分情况如下：

13 分(主题构思) + 23 分(光影秩序控制) + 17 分(构件元素表达) + 18 分(材料运用合理性) + 18 分(图纸表现) =89 分

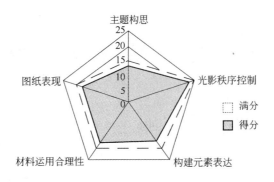

图 4-33 评分计算比例图

(10) 教师评语。该方案通过棱角分明的曲折构建以及圆润的弧面将光影形成了不同的立面阴影效果。在建筑内部空间的塑造上选择了锐角的整列,在内部空间上形成了明朗的明暗分界以及活泼跳跃的光影效果,但在模型制作细度以及整体艺术感上欠佳,需要更多的推敲。

第5章　认知性基础营建训练

5.1　梁与桥——受荷体的营建训练

"建筑物和建筑学的评价标准——坚固、实用、美观。"

——维特鲁威《建筑十书》

5.1.1　训练任务与组织

5.1.1.1　教学目标

（1）在营建训练的基础环节，训练学生使用基本的力学原理，进行简单构件或空间体的组织，让初学者建立建筑学的专业概念，介入真实的匠作环境。

（2）对受荷体的方案设计，需具有清晰的力学特征和明确的构件结构关系，熟悉基础模型的制作以及相应的材料属性和加工方法。

（3）结合立体构成训练中的点、线、面、体的关系，把握桥与结构与材料的关联秩序，创造合乎工艺逻辑并具有韵律美感的形态。

（4）采用基本构件组合方式，控制整体形态及结构；注意几何形句法逻辑的选择、表达与深化，突出构件之间节点的设计与作用。

5.1.1.2　训练内容

（1）题目设定：自行选定具有特色的场地进行分析，在基地上设计跨度为15m 的人行路桥，基地尺寸为 18m×18m 正方形地块。

（2）场地选择：自选模拟跨水桥、人行天桥、建筑高空通道、悬索梁体等等受荷体，功能设置为人行交通、观赏等。

（3）阶段任务：

1）前期汇报：以小班为单位，分 3~4 人一组，选定组长，小组内探讨设计思路与营建过程，班内集中展示设计方案。

2）中期模型制作：以小组为单位，共同制作。

3）最终成果：小组为单位，共同提供模型与图纸。

（4）模型要求：受荷体长度为 15m×15m，任务训练的模型比例为 1∶20，材料可采用冷饮棒、一次性筷子等模块化构件（种类尺寸不限），节点部分可以采用金属构件或者丝线吊锁，要求尽量采用铰接方式。荷载要求承受 3 个 200g

砝码的重量。

（5）图纸要求：图幅为 A1，内容包括基地环境的背景描述，设计理念的表达与分析，营建构造、工艺、材料的分析和工作照片。图纸包含设计方案图，要求有平面图、立面图、剖面图，比例各为 1∶100。

5.1.1.3 重点难点

（1）深入理解结构（structure）与形态（form）表达的对应关系。结构作为构筑体的骨架，对营建方案的基本要求为：1）空间形态对结构构件的力学原理应做出合理表达；2）学生采用结构组织方式来创造构筑体的形态美感。

（2）基于建筑学概论的讲授，学习运用结构、建造、材料、建构对建筑本体的影响因素以及这些手段在设计中对相关问题的解决能力。

（3）初步把握建构美学的空间特点，进行构思、试错、调整、实现的全过程训练，以营建为目标，将模型的制作过程视为实际建造过程的模拟，采用模数化、基本形的构件，以不同的重复、叠合、连接方式，探索结构稳定性、承载性能、牢固等材料特点，体会局部建筑体的空间、功能与形态生成过程。

5.1.1.4 教学流程

本训练模块设定为 24～30 学时。

（1）选定场地与环境主题，制作 1∶100 草模，每组制定 3 个草模方案，在小班进行分组展示和讨论，经教师点评和组内优化定案。

（2）针对选定方案进行深化，选定材料，设计概念图纸，分析构造与工艺表达方式。小组进行营建方案的演示，演示内容要求说明方案制定的主题与思路、组内人员分工安排、材料、工艺路径以及营建成本预估。

（3）进行训练模型的初步试制，解决工艺难点，优化材料性能和加工路径。

（4）完成最终模型，绘制设计图纸，按班级组织成果展示，集体点评。

5.1.1.5 师生组配

（1）组长：协调方案和制作，分配成员工作，负责对整个训练的进度安排。

（2）组员：按各自分工进行方案深化、构件加工、节点制作、图纸分项绘制等工作，参与方案讨论、材料选择和工艺优化，合作完成模型与设计图纸。

（3）主导教师：指导学生进行设计构思、结构体与构造选型，把握模型表达和图纸表达的训练要求，协调小组之间人员工作，进行作业点评。

（4）辅讲教师：解决关键的技术难点，优化制作路径和工艺方案，协助各小组进行材料选择、成本核算。

5.1.1.6 评分标准

本模块的评分关注结构与空间形态的对应关系，强调形态对真实结构的反映，在模型和图纸制作上要求表达清晰的力学与构造生成逻辑。

（1）设计主题与方案：设计主题是否清晰，能否体现训练所要求的内容与意义；设计方案的构思、创新性及其表达程度。

（2）结构与构造表达：对工程与工艺合理性的考察，结构选型与构造布置的优化程度。现有结构与构造的可实施性，工艺的可操作性。结构与构造表达的层次清晰度，模数与节点的应用。

（3）制作工艺与表现：工艺实施的简洁与巧妙，对难点问题的解决或工艺路径的改进，其制作方式对方案表达的清晰程度，做工精度等。

（4）空间秩序与审美：最终作品的发展过程是否合乎建造、结构的真实逻辑；从方案到实体，是否有明确的控制规则。形态的几何句法逻辑是否清晰，并获得空间上的美感与韵律体验。

（5）成本控制与经济性：在营建过程中，选材模数、形状是否符合经济性要求，考察材料的利用率与通用性，对特殊工艺或者高成本节点的控制以及整体方案的成本优化措施。

（6）人员组织：组长是否起到核心作用，组队是否合理，组员分工与效率情况，考察团队协作程度以及各成员的贡献度。

（7）取分比例：主题构思15% + 结构构造25% + 工艺表现20% + 秩序美观20% + 成本控制10% + 团队组织10%（见图5-1）。

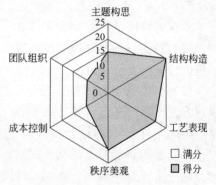

图 5-1　取分比例示意图

5.1.1.7　参考案例

构筑物的结构美是通过力学设计的直观表达而显现的，多数结构美是由自然生物的结构而启发的设计灵感。本训练可参考结构感强、载荷功能明确的建筑设计、桥梁设计等案例或自然生物体的结构模拟，相关案例见表5-1。

表5-1　受荷体营建训练参考案例

序 号	案 例	案 例 图 片	说 明
1	雅典奥运会主场馆		通过仿生形态的表达，产生韵律秩序，整体设计具有沉稳、流畅的结构感

序　号	案　例	案　例　图　片	说　　明
2	里斯本火车站		利用钢结构承重方式带给人轻盈、流畅的感受。其独特的树柱结构在力学和美学上完美结合
3	美国世贸中心中转站		形式新颖，其活动节点的处理非常巧妙，并且在动态中带给人美妙的结构体变化体验
4	拉德维萨人行桥		将用于承重的结构用流畅的线条表达，同时起到对构筑体的界面装饰作用
5	阿拉米罗大桥		形式简洁大方，对于力计算准确精到，直接将力图形态用于构筑物形态，具有物理学美感
6	圣约翰大教堂		采用拱券等结构与三角形结构的组合，将现代感与古典美相结合，并强调节点部分的处理

5.1.2 作品案例分析

[案例 5-1] 锥体联桥

（1）设计意象：

几何简洁，三角锥体，桁架体系。

（2）设计自述。从金字塔、分子键结构中得到启
发，采用三角形作为简单稳定的结构元素，通过多组
三角形拼合，形成三棱锥体，作为桥身结构的空间基
本单元。三角结构分析如图 5-2 所示。三棱锥体相互
连接，在空间三维方向提供抗压、抗弯、抗拉的作
用。桥体均采用基本的木条构件组成，节点采用金属
铆接。桥体的造型采用多锥体的重复连接，承重结构
合理，空间韵律感强，秩序和模数明确。

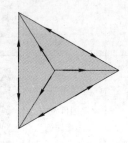

图 5-2 三角结构分析图

（3）结构与构造分析。三棱锥体具有较好的空间结构稳定性，从受力分析
上，正置的锥体更符合自上而下受力的规律，杆件横向与斜向联系，更增加了桥
身的稳定性，且自重轻、承重力大。结构构造分析如图 5-3 所示，实体模型透视
图如图 5-4 所示。

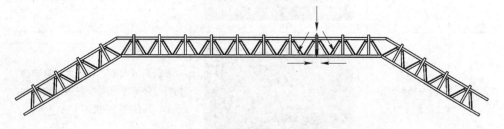

图 5-3 结构构造分析图

图 5-4 实体模型透视图

（4）细部表达。模型细部图如图 5-5 所示。

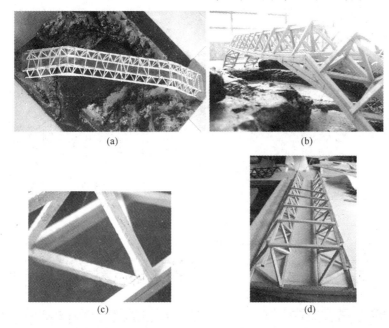

图 5-5 模型细部图

（5）材料运用：

主材：多种规格杉木条。

辅材：角铁，金属锚条。

基地用材：塑胶，喷漆等。

（6）营建过程。实体模型营建过程如图 5-6 所示，具体过程如下：

1）标准件放样；

2）切削、打磨、钻孔；

3）拼合三角锥体单元；

4）采用角铁和锚条固定三角锥；

5）多锥体排布与拼接；

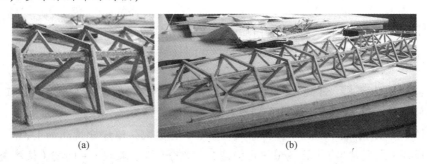

图 5-6 实体模型营建过程图

6) 端头埋置；

7) 有机玻璃覆盖桥面。

(7) 设计图样。模型设计图如图 5-7 所示。

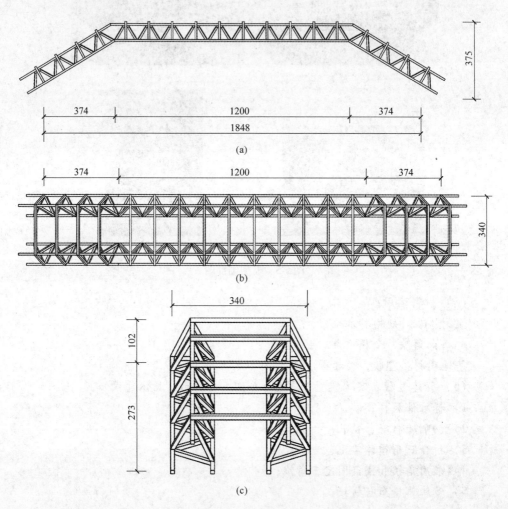

图 5-7　模型设计图

(a) 立面图；(b) 平面图；(c) 细部图

(8) 团队模式。营建小组设 1 名组长，协调方案、制作的各项事务。组员根据构件取样、拼装、节点制作、图纸分项等内容灵活分工。

(9) 评分情况。评分计算比例图如图 5-8 所示，具体评分情况如下：

12 分(主题构思) +23 分(结构构造) +18 分(工艺表现) +18 分(秩序美观) +9 分(成本控制) +9 分(团队组织) =89 分

（10）教师评语。该方案采用较为简洁和常用的三角锥体组合方案，整体构思大方，富有韵律美感，制作便捷，具有较高的可实施性。其三角锥体在诸多方案中对荷载问题的解决较为合理，且稳定可靠。实体营建过程中层次分明，条理清楚，具有较好的模数和构件组合关系的控制。但整体来看，结构形式略显单一，形态审美有待进一步调整和优化。

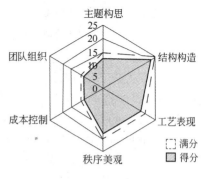

图 5-8　评分计算比例图

5.2　界面和窄体

　　"只要在空间里出现一段墙，有时就会产生出乎意料的效果，用这样的方法可进行明暗、表里、上下、左右等的空间划分。"

——芦原义信

5.2.1　训练任务与组织

5.2.1.1　教学目标

（1）本模块为营建认知的基本构筑体训练之一。训练学生以构筑体基本元素为对象，初步建立设计思维与动手建造能力的结合。结合建筑学技术概念的课程，让学生初步了解空间营建的材料、构造、肌理等基本原理。

（2）训练学生通过原比例实体设计建造的过程，感受和体验匠作场所的工作氛围，并熟悉和融入团队分工合作的专业学习方式。

（3）训练以局段墙为载体，让学生初步认知建筑体围护构件的形态、作用和生成方式，了解不同功能主题下围护构件的营建特征。进行空间设计训练，了解建筑基本围护结构的设计方法。

（4）学习和实践大比例模型制作的材料控制、工艺制作、操作流程等经验，掌握设计构思的图纸制作对工程营建的可操作性深化过程。

5.2.1.2　训练内容

（1）题目设定：本训练要求设计并建造 1200mm（高）×900mm（宽）×（150~300）mm（厚）的墙体局段。空间营建要求选定特定的构造、肌理和材料的生成主题，强调墙体实现过程中从"二维界面"与"三维窄体"之间的协调与营建关联性。

训练包含三项设计与建造主题（可选其一或组合）：

1）肌理：以单元形的变换、重复组织来填充墙体。

2）构造：通过空间构件与节点处理方式来格构墙体。

3）材质：根据不同材料搭配和工艺特性来生成墙体。

（2）阶段内容：

1）前期汇报：以小班为教学单位，4 人一组，选定墙体营建的主题，分析案例，构思墙体的"界面"与"空间体"的生成关系。提出 2～3 个方案，采用"草图＋草模"的表达形式。按班级进行小组的构思草案展示与集体点评。

2）中期模型制作：每组针对选出的方案，进行深化和优化设计，调整墙体构造、节点，分析肌理生成关系。选择合适材料，制作 1：5 的整体草模以及局部单元形的放大模型。

3）最终成果：根据定案的墙体形态与构造，制作 1：1 正稿模型，集体展示点评，并绘制成果图纸。

（3）模型要求：实体营建为 1：1 的全尺寸模型，要求至少表现突出构造、材料、肌理中的一种特点，并能在整体营建中表现出完整的设计理念，在细部处理中具有充分的制作精度和准确性。

（4）图纸要求：图幅为 A1，内容包括"界面"与"窄体"的主题说明、设计构思图、模型照片（包括工作过程照片）、图纸（1：10，包含平面图、立面图、剖面图）、其他相关分析与大样图。

5.2.1.3　重点难点

（1）在真实尺度下，培养学生对建筑实体构筑物局部的构造、肌理和材料运用的基本认知，了解基本的建筑界面作为三维构件的特征。

（2）重点学习和实践如何从设计构思到建造实现的专业工作过程，突出构造、肌理和材料在建筑围护构件中的表达方式，初步形成从二维界面转向三维窄体的空间生成秩序以及相应的营建实现的工艺表达。

（3）区分建筑表皮与结构之间特征与差异，实践团队工作的场所氛围。

（4）深化前期训练中点、线、面、体等空间构成手法，在大尺度模型中的要素组合关系，实现人体真实体验的空间美感、材质感和尺度感。

5.2.1.4　教学流程

本训练模块设定为 24～30 学时。

（1）讲授建筑墙体与表皮的设计手法与案例，结合建筑设计概论，讲授基本的空间围护结构设计与表达原理。着重学生对实际尺度构筑体的认知。

（2）分组指导和讲解构造、肌理与材料设计建造的方案，进行局部的模型试建，调整节点、工艺和材料的实施方案，解决关键技术。

（3）指导学生进行最终模型制作，集体进行实体展示和点评。

5.2.1.5　师生组配

本训练以小班为单位，4 人一组，师生比宜为 1 人：（2～3）组。

（1）组长：协调设计和制作，分配成员工作，负责整个工作进度安排。

（2）组员：按各自分工深化方案，加工构件，进行元素构件的组合拼接、选材制作并记录设计深化过程，完成模型与绘制图纸。

（3）主导教师：指导学生进行主题构思、方案深化，控制工作进度。

（4）辅讲教师：结合建筑构造原理，针对墙体构造与工艺的基本知识，帮助学生解决实体模型制作中的设计难点以及关键工艺。

5.2.1.6　评分标准

本训练着重以真实尺度的空间围护实体的营建，强调设计对构成秩序的控制以及建造中对肌理、材料的运用手法的掌握。

（1）主题构思：界面与窄体构思主题是否鲜明，设计是否能突出构造、材料、肌理中的一种或几种特点。

（2）结构与构造合理性：对实体建造需要满足的力学要求和视觉体验，是否能简洁明了区分支撑结构与填充元素之间关系，二者是否协调。

（3）肌理与材料表现性：在不同块面处理上，是否采用模数化和秩序性的生成、重复、穿叠等控制，在界面感官审美意象上的表达是否充分。

（4）工艺与图纸表现：考察大比例模型制作的整体性，对墙体的构造、肌理、材料细部工艺进行评价，考察最终设计图纸的准确性。

（5）团队工作效率性：对团队工作中各成员的工作量进行评价，考察模型和图纸制作中的贡献度，作为平时成绩的加权值。

（6）取分比例：主题构思 15% ＋ 结构构造 25% ＋ 肌理材料 25% ＋ 工艺图纸 20% ＋ 团队工作 15%（见图 5-9）。

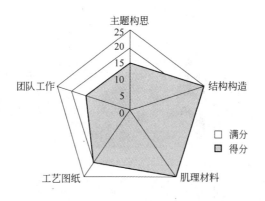

图 5-9　取分比例示意图

5.2.1.7　参考案例

界面设计可以通过建造中对肌理、材料、构造等的运用手法来设计，在建筑外表面设计、建筑室内隔断等多有运用，相关案例见表 5-2。

表5-2　界面和窄体营建训练参考案例

序号	案例	案例图片	说明
1	中国北京奥运会场馆水立方		水立方采用一种轻质新型材料，具有有效的热学性能和透光性。水立方像是双层气枕，并且几乎没有形状相同的两个气枕。水立方的外形和表皮纯净谦和
2	法国阿拉伯世界文化博物馆		博物馆的一面墙设计成保温玻璃，上面有240个电脑控制的类似照相机快门的装置，每隔1小时便会闪一次，保持室内的光线永远适中
3	法国蓬皮杜艺术中心		蓬皮杜艺术中心是一座具有未来主义风格的建筑，整个建筑由纵横的玻璃管道、硕大的玻璃墙体和错综的钢架构成
4	台中大都会歌剧院		让建筑物跳脱单纯线性结构，演绎出精彩的变形记。建筑物成为自然进化的一环
5	中国美术学院象山校区		中国美术学院象山校区运用了砖石的各种砌法，将旧材料砌出了现代建筑的味道

序 号	案 例	案 例 图 片	说 明
6	RYOTEI KAIKATEI ANNEX"SOU-AN"分馆		隈研吾的这项作品成功地将建筑消隐了，表皮独立于建筑，成为一道风景线

5.2.2　作品案例分析

[案例 5-2]　圆之韵

(1) 设计意象：

圆的套叠，筒体相切，填充。

(2) 设计自述。本设计是采取肌理填充的方式来组织墙体空间的建构，构思以圆形的筒体为母题，通过不同方向上的一系列相切、套叠、插接等生成手法，形成基本单元形，并以此进行肌理化的重复，最终填充在 1200mm×900mm×220mm 的窄体空间。与此同时，相互相切的圆筒之间的咬合共同组成了肌理性的骨架，模糊了结构构件，使得整个墙体整齐统一。

(3) 生成图解。肌理演变过程如图 5-10 所示，具体过程如下：

第 1 步：以相切的三个 ϕ100mm、200mm 长的圆筒为基本形单位，筒与筒之间形成品字形格局，筒与筒之间不设置力学胶合作用，为形成窄体界面肌理的核心元素。

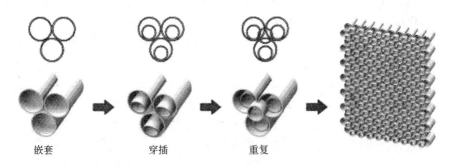

嵌套　　　　穿插　　　　重复

图 5-10　肌理演变过程

第 2 步：在品字形基本格局基础上，每个圆筒中穿插入 ϕ60mm 的圆筒，内筒与外筒之间为内切方式，内部小圆筒一端斜切削为斜面，其切削的角度随着整个肌理渐变发展。

第3步：将ϕ60mm的圆筒进行切槽处理，将品字形的ϕ100mm圆筒，采取向心方式插接在中心的ϕ60mm的圆筒上，由此组成有穿插和咬合结构的基本肌理单元。

第4步：以第3步同样的方式，将多组不同品字形单元进行咬合，最终填充整个墙体。

（4）实体组构。实体模型透视图如图5-11所示。

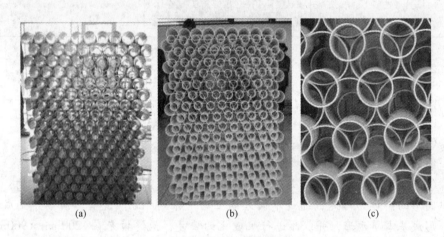

（a）　　　　　　　　　（b）　　　　　　　　　（c）

图5-11　实体模型透视图

（5）材料运用：

主材：ϕ100mmPVC圆管，ϕ60mmPVC圆管。

辅材：底部5mm厚PVC板材。

（6）营建过程：

1）采用3个ϕ100mm、200mm长的PVC圆筒，与1个ϕ60mm、200mm长的PVC圆管插接，形成基本的品字单元，插接深度为180mm；

2）将10组品字形单元连成一排固定，上下之间采用ϕ60mm、200mm长的PVC圆管插接固定；

3）将竖向17排圆管错位相叠形成骨架并固定；

4）将ϕ60mmPVC圆管的一端根据肌理渐变削成，并插接入ϕ100mmPVC圆管内。

（7）设计图样。模型立面图如图5-12所示。

（8）评分情况。评分计算比例图如图5-13所示，具体评分情况如下：

12分（主题构思）+23分（结构构造）+23分（肌理材质）+17分（工艺图纸表现）+12分（团队工作）=88分

（9）教师评语。该设计以"圆"为最简单的母题，通过圆形态的外切、内

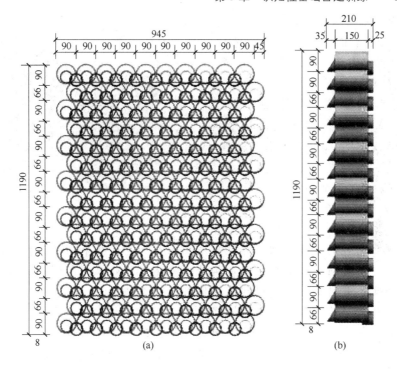

图 5-12　模型立面图

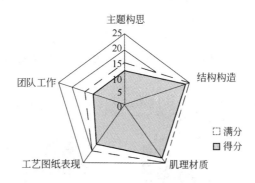

图 5-13　评分计算比例图

切、交叠等方式，设定出满足构造需求和肌理生长的基本单元。整体设计秩序清晰，营建工艺简洁，操作过程流畅，视觉体验的韵律感较强。但圆筒内切的结合方式欠考虑，且材料运用较为单一。

[案例 5-3]　光之蜂墙

（1）设计意象：

蜂巢，偏向采光，渐变。

（2）设计自述。本设计功能为制图工作室的侧向采光墙体界面，构思取自自然的蜂巢六边形结构和曲线叠加的波浪形肌理（见图5-14）。基本形态单元采用六边形的蜂巢单元进行开孔大小的渐变处理。在构造上，蜂巢单元采取筒状结构，与实际的采光面呈角度放置，主体结构依靠波浪错位叠加的薄金属板形成整体网架，并黑白色条交错进

图5-14 蜂窝示意图

行板材错位拼合的动感对比。蜂巢单元相互叠加，开孔采用竖条处理的有机玻璃镶嵌，能够对光线起到材料和构造上的非直射效果，起到渐变可调的间接采光作用，并具有渐变的韵律美感体验。

（3）生成图解。模型生成图解如图5-15所示，具体步骤如下：

第1步：采用蜂巢单位为基本元素，设置六边形的柱体结构，筒体的端头自上而下，自右向左进行大小的孔洞尺寸变化，并用有机玻璃进行封盖，形成变化的采光单元。

第2步：使用镀锌金属板，冷弯成六边形的波浪形状，分为黑白两种色彩，二者错位相扣，并采用螺栓固定，形成侧向错位的六边形框架界面。

第3步：将25个六角棱柱，按照孔径渐变次序，组装入蜂巢框架体中，根据错位关系，形成30°的偏移角，柱体与柱体之间同样形成错位60mm的凹凸关系。

第4步：根据放置好的六棱柱位置，在波浪网架上进行螺栓固定，挤紧相互

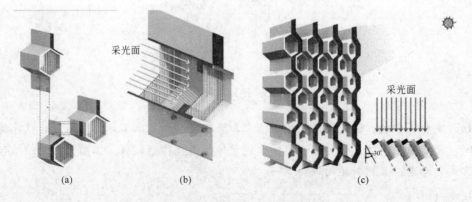

（a）　　　　　　　　　（b）　　　　　　　　　（c）

图5-15 模型生成图解

（a）单元体组合方式；（b）蜂巢单体结构剖面；（c）采光效果

之间的缝隙，最终固定于底座。

（4）实体组构。实体组构模型各角度透视图如图 5-16 所示。

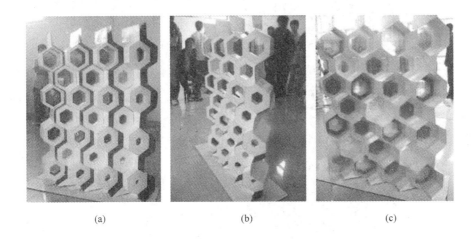

(a)　　　　　　　　　　(b)　　　　　　　　　　(c)

图 5-16　实体组构模型各角度透视图

（5）材料运用：

主材：5mm 厚镀锌金属板，PVC 板材，有机玻璃片。

辅材：角铁，螺母，喷漆等。

（6）营建过程：

1）量取尺寸，切割 PVC 板材，拼装出六边形的"蜂巢"单元，在棱柱外侧端头安装孔径渐变的六边形封板和有机玻璃片，并胶合严密；

2）切割镀锌金属板材，并按照六边形单元尺寸放样和冷弯成波浪形态，按 6mm 的错位扣合方式分别喷黑白金属漆；

3）将六边形棱柱单元按孔径渐变次序，装入网架结构体，并螺栓固定；

4）检查和调整棱柱单元与墙体的角度，进行局部矫正，整体稳固后最终固定于金属底板。

（7）设计图样。模型立面图如图 5-17 所示。

（8）评分情况。评分计算比例图如图 5-18 所示，具体评分情况如下：

13 分（主题构思）+23 分（结构构造）+23 分（肌理材质）+18 分（工艺图纸表现）+13 分（团队工作）=91 分

（9）教师评语。该设计构思较新颖，其借鉴的蜂巢形态具有较好的界面构造特色，作品设计将蜂巢六边形单元和空间骨架分开制作，在构造上清晰地区别出结构体和填充体。营建方法在细部上充分考虑了采光的角度方式和孔径的渐变方式，但墙体边界处理上需要进一步完善。

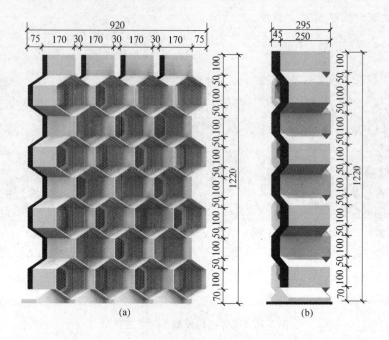

图 5-17 模型立面图

(a) 北立面; (b) 西立面

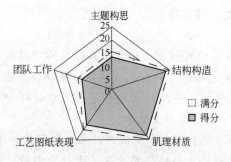

图 5-18 评分计算比例图

[案例 5-4] 竹雾迷津

(1) 设计意象:

直线曲面,竹幕,虚实旋转。

竹作为江南传统文化意象符号,给人清幽隐逸之感,如图 5-19 (a) 所示。竹竿粗细均匀,竹节有着自身的韵律感,反映出一种天然的模数化特征,竹作为构筑材料,具有较好的力学属性。

竹幕是中国传统建筑和园林的构图素材,表现柔性和半透的特质,如图 5-19

（b）所示。

(a)　　　　　　　　　　　(b)

图 5-19　设计意象示意图

（2）设计自述。本设计借鉴中国传统的竹林意象，采用现代几何的构成方式，将传统与现代进行结合。设计和营造中以竹杆件为基本材料，通过直线曲面的生成方式，形成基本的网架幕墙单元，旨在用抽象的手法表达竹幕意境。在富有动感和韵律感的直线曲面基础上，设计通过几组曲面单元的旋转向心，实现角度的变化界面空间形态，让人浮想联翩；局部辅以轻薄的虚体网质界面，增添其朦胧感，并取名为"竹雾迷津"。

（3）生成图解。模型形态生成图解如图 5-20 所示，具体生成步骤如下：

第 1 步：以给定的界面-窄体框架边界为尺寸限定，自下而上和自上而下，设定两组主要的直线曲面单元。两个曲面单元以窄体框架的边框为支撑点，形成相对的呼应格。

第 2 步：以第 1 步的两个直线曲面为基础，将两组直线曲面的边杆件，进行中点和断点的连接，通过新的连接杆为边杆件，形成第二层次的附属曲面单元，其形态呈围合态势。

第 3 步：结合直线曲面中边杆件与界面边框的构成关系，对外界面处形成三角形界面，选择丝线绑扎的方式形成半透明的虚体界面。整体营造中将竹幕的外边设定为较为朦胧的视觉效果，并呼应直线曲面的旋转扭合态势，逐渐向心开放、通透，在一定程度上形成对比关系，组合方式进一步体现材质的"硬质-软质"、"现代-传统"的效果：（1）虚面（鱼线网）＋实线（竹幕）＋虚体（钢骨架）——虚实掩映；（2）白（粗糙）＋绿（半粗糙）＋镜面（光滑）——质感丰富，色彩明快。内部纹理生成示意图如图 5-21 所示。

（4）实体组构。实体组构模型各角度透视图和细部图分别如图 5-22 和图 5-23 所示。

（5）材料运用：

主材：φ20mm 竹杆件，不锈钢龙骨，鱼线网。

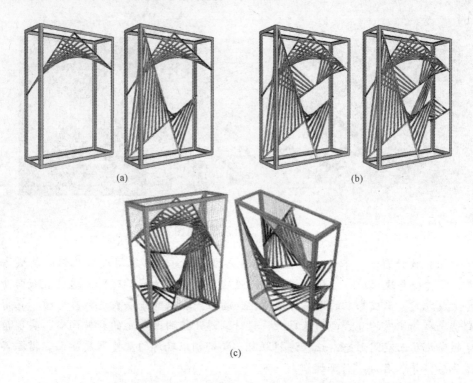

图 5-20 模型形态生成图解

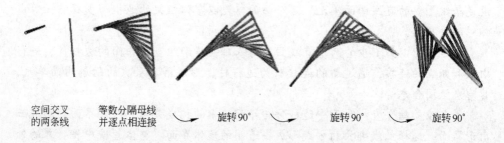

空间交叉 等数分隔母线 旋转90° 旋转90° 旋转90°
的两条线 并逐点相连接

图 5-21 内部纹理生成示意图

辅材：φ20mm 金属套管，角铁，螺栓等。

（6）营建过程：

1）量取不锈钢龙骨，焊接成墙体的基本框架；

2）选取 φ20mm 竹杆件，切割成直线曲面的设计尺寸，端头打磨并套入金属接头，钻孔；

3）设定直线曲面的边杆和弦杆，以金属套管和螺栓进行榫卯连接，形成直线曲面的单元；

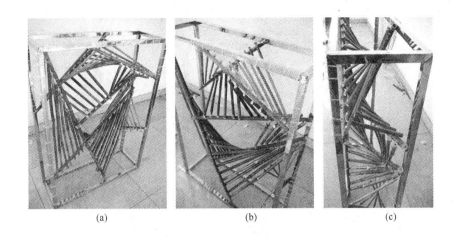

(a)　　　　　　　　　　　(b)　　　　　　　　　　　(c)

图 5-22　实体模型各角度透视图

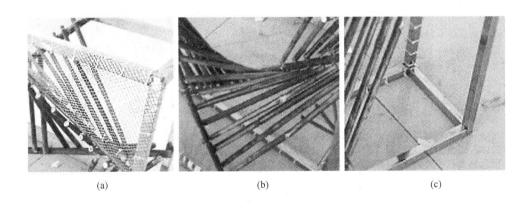

(a)　　　　　　　　　　　(b)　　　　　　　　　　　(c)

图 5-23　实体模型细部图

（a）网＝面（半透明＝虚）；（b）竹＝线（不透明＝实）；

（c）钢框架＝体（空＝虚）

4）按旋转设定的角度，在不锈钢框架中组装直线曲面单元，并采用角铁和螺栓固定；

5）裁剪好鱼线网，在直线曲面的边杆和不锈钢框架之间进行穿孔绑扎连接，形成虚体的界面。

（7）设计图样。模型设计立面图如图 5-24 所示。

（8）评分情况。评分计算比例图如图 5-25 所示，具体评分情况如下：

12 分（主题构思）＋23 分（结构构造）＋23 分（肌理材质）＋17 分（工艺图纸）＋12 分（团队工作）＝88 分

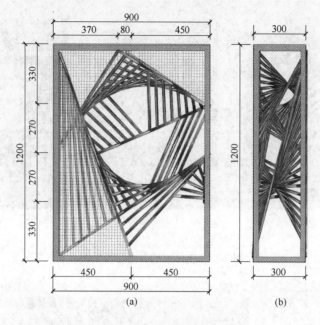

图 5-24　模型设计立面图

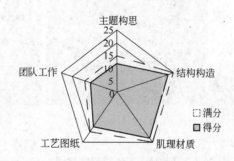

图 5-25　评分计算比例图

（9）教师评语。该设计构思从材料意象出发，采用中国传统文化意象和建筑材料的"竹"为主题，设计营造以现代直线曲面的母题，对竹幕的界面特征进行抽象。整体方案通过基本的竹制杆件进行连接拼合，以几何形的变化旋转，创造界面的立体动感和韵律。此外，竹元素与不锈钢框架形成自然与人工的材质对比，但二者之间鱼网线的材质运用较为欠缺。

第6章　多要素集成营建训练

6.1　尺度装置

"一种尺度即代表一个时代，它是精神的标尺。""住宅是居住的机器。"

——勒·柯布西耶

6.1.1　训练任务与组织

6.1.1.1　教学目标

（1）理解建筑常见构造元素给人的真实体验以及人体尺度关系。

（2）了解人体的基本动作尺度，人体活动所占的空间尺度以及人体可感知的细部尺度。根据人体尺度组织空间要素，训练对多构件组合的处理。

（3）借助真实尺度空间的营造，培养学生进入实体营建和构造处理的训练环节，了解建筑学专业基础性的多要素集成组合与形态控制。

6.1.1.2　训练内容

（1）题目设定：

1）结构尺度装置（scale for structure device）：

①柱×1根：截面不限制，长度不小于2000mm。

②梁×2根（梁也可用实际尺寸的桁架、网架代替）：梁的交接关系自定，但柱与梁相交接的长度各不小于600mm。

2）功能尺度装置（scale for function device）：

①楼梯+台阶（可以设计旋转楼梯）：要求满足至少1人通过的宽度尺寸，总踏步数不少于5级，包含一处休息平台。

②门×1扇（门板可空心，但要求设置150mm标尺线）：要求外框、内框、把手构件，把手需要标注位置尺寸。

③窗×2扇（窗扇可空心，但要求设置150mm标尺线为单位，平行于容器尺寸）：要求外框、内框、开关构建，并可开启。

④双排扶手×1组（可结合楼梯、窗、门、柱等装置设计）：成人、儿童尺度扶手构件，需要满足规范的扶手高度要求。

3）细部尺度装置（scale for details device）：

①家具尺寸装置（2 种以上）：自定桌、椅等尺度元素。

②构建尺寸装置（2 种以上，可以组合多种形式空间肌理）：自定砖、玻璃抓手、门、柜拉手、龙头、水电管线等。

4）标记尺度装置（scale for reference device）：贯穿整个装置的总体尺寸，以多维线、面、体的方式为整体装置建立参照坐标，坐标以 mm 为单位，以模数为刻度，需要反映出装置所参照的地面方向。

（2）阶段任务：

1）前期汇报：以小班为教学单位，4 人一组，进行人体尺度资料收集、建筑案例选取，提出 2~3 个方案构思，采用"草图 + 草模"的表达形式，班内集体点评讨论。

2）中期考察：针对构思方案，进行 1∶100 的草模设计，通过草模 + 草图的方案推敲，选定最终的设计方案稿，并绘制实体营建的工作图样和节点组合图样。

3）最终成果：制作正式模型，记录尺度特征，绘制成果图纸。

（3）模型要求：

1）实体装置必须在规定的容积内完成，主体构成需要避免构件之间分割布置，结构尺度装置和功能尺度装置中应选择一组进行曲线变化。

2）整个装置实体营建需遵循"坚固、适用、美观"的原则：要求装置能够进行整体搬运而不损坏，各种装置能够真实明确符合人体实际尺度和建筑规范标准，按 1∶1 设计。

3）各种装置的主要尺寸必须在构件上详细标注，同时注明所遵循的人体尺度数值。各种尺度构件之间按照空间构成原理进行灵活组织，相互关联形成良好的空间利用率和视觉效果。

4）实体装置的设计与制作采用地面参照系进行变换，其中主体结构须采用正交或者平行关系，易于尺度体验的辨识。

5）整体设计须考虑色彩组配，材料选择需考虑 1∶1 大尺度模型的强度，并保证实体装置的自身的承载和耐力特定。

（4）图纸要求：图幅为 A1，内容包括构思说明、人体尺度分析图、实体照片、图纸（1∶10，具体应包含平面图、立面图、剖面图、轴测图）。另外，根据人的行为体验，可画出装置生成的阶段设计图。

6.1.1.3　重点难点

（1）培养学生熟悉和应用人体尺度进行实体营建的操作，了解人体模数在建筑局部和建筑构件上的应用方式。通过各种装置的集成设计，掌握附着、内嵌、重复、对比、解构等多种空间构成手法的组合运用。

（2）本模块作为 1∶1 大比例尺度营建训练的开始，重点训练学生对于构件原型之间的组合认知，对各种尺度构件建立直观的认知意象，以形成有效的空间设计尺度感。

（3）从社会、环境、技术、情感、功能等方面研究建筑设计中的人体尺度，并通过积极理解空间含义，从而将建筑学的专业训练引入到基础认知中，通过现场操作、实体营建、团队协同来体验空间营建的工作氛围。

（4）进一步强调建筑学的模数、骨骼、轴线等控制性要素，突出空间组合的秩序对多要素构件集成的作用，并在此基础上理解建筑构造美学。

6.1.1.4　教学流程

本训练模块设定为 24～30 学时。

（1）结合建筑学概论，讲解基本的人体尺度和建筑模数理论，讲解和讨论人体尺度案例中的构件形态、组合方式。补充现行的建筑设计规范中对人体尺度的参数要求，通过建筑现场测量与实习，了解基本构件尺度。

（2）结合尺度实测和案例分析，每组学生提出 2～3 个方案构思，需要明确各类整体装置设计的主体，尺度构件的形态、构件之间的组合关系。

（3）选定和优化尺度装置方案，制定取材方案，探索材料、质感与色彩的表达。调整组合方式，细化节点，按方案进行试建。

（4）制作最终模型，优化和处理局部难点，集体展示与教师点评。

6.1.1.5　师生组配

本训练以小班为单位，4 人一组，师生比宜为 1 人∶（2～3）组。

（1）组长：总体把握进度，协调设计和制作，分配成员工作，与指导教师多方位沟通，管理和控制材料的使用与成本。

（2）组员：按各自分工深化方案，分组加工单个尺度构件，绘制分项图纸，参与方案讨论，试建可拆装模型，合作完成设计尺度体验的记录工作。

（3）主导教师：指导学生进行主题构思，优化阶段试制模型，对尺度装置的合理性进行评判，把握各组的整体设计效果，优化模型制作工艺，讲解图纸绘制的问题，协调各组的工作进度，进行作业点评。

（4）辅讲教师：针对建筑工程中人体尺度的规范进行讲解和指导，解决大比例模型的选材、承重等技术问题，辅助各小组进行工艺和成本优化。

6.1.1.6　评分标准

本训练着重以人体尺度为主题，强调大比例和多要素集成的空间营建训练。考察点强调学生对构件元素个体、集成整体秩序的把握，要求模型和图纸表达准确精细。

（1）设计主题：考察方案所表达的人体尺度体验的主题、空间构成与实体营造的方案构思创新性。

（2）构件集成秩序性：各类尺度装置构件是否采用整体模数进行控制，其空间集成、布局的合理性与美感。能否符合良好的实体尺度体验需求。

（3）尺度体验准确性：尺度构件元素是否符合真实的实际参数，其中建筑常用构造是否符合建筑规范的要求，与任务书要求是否对应。

（4）取材经济合理性：考察大比例模型制作的整体性，对自身承载力、材料细部和肌理表达进行评价，考察最终设计图纸的准确性。

（5）工艺图纸表现：针对元素取材体积，考察立方体提供有效元素构件的效率，构件元素相互之间的通用性和再利用程度。

（6）团队工作效率性：对团队工作中各成员的工作量进行评价，考察在模型和图纸制作中的贡献度，作为平时成绩的加权值。

（7）取分比例：设计主题 15% + 构件集成秩序 20% + 尺度准确性 20% + 取材合理性 20% + 工艺图纸表现 15% + 团队协作 10%（见图 6-1）。

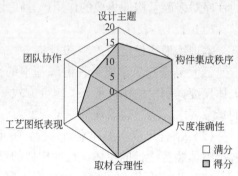

图 6-1　取分比例示意图

6.1.2　作品案例分析

[案例 6-1]　尺度解构

（1）设计意象：

人体尺度，解构，框架装置。

（2）设计自述。本设计从 T 形梁柱结构开始进行发展，辅以两片隔墙形成最初的设计坯体，在此基础上融入一系列的楼梯、窗扇、门以及装饰构件等人体尺度元素。这些元素经过一系列的解构处理，如将隔墙镂空和划分成大小不一的几块形成窗，而楼梯实体元素则被线框骨架所表述。整个设计经过减法解构后，装置系统显得轻盈、通透。

（3）生成图解。模型形态生成图和结构生成图分别如图 6-2 和图 6-3 所示，具体步骤如下：

第 1 步：以空间 T 形的梁柱结构为整个装置生长的核心与支撑体，在 T 形梁柱体的两个正交垂直方向插入围护体框架。

第 2 步：以正交的围护体框架，生成半围合的空间体，在其底部安置带有高差调节作用的椅子尺度元素。

第 3 步：采用解构将各部件进行消减，以空间线框来取代实体。梁柱均形成空腔，同时将楼梯尺度框架，采用垂直式摆放连接主题，形成锯齿状的围护体形态。

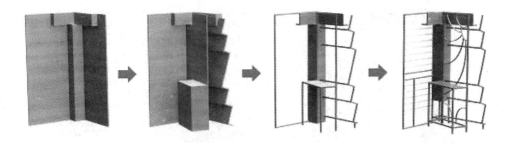

图 6-2　模型形态生成图

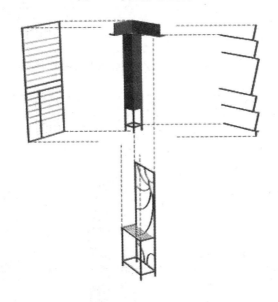

图 6-3　模型结构生成图

第 4 步：在第 3 步的主体形态上，加固整个接入的尺度构件元素，添加横向及栏杆曲线的模数化线条，作为人体尺度的量取参照线，进一步丰富细部。

（4）实体组构。实体组构模型各角度透视图如图 6-4 所示。

（5）材料运用：

主材：杉木条，φ2mm 钢丝，5mm 厚三合板。

辅材：角铁，螺母，胶条，棉线等。

（6）营建过程：

1）对材料进行放样，确定节点形态；

2）以杉木条和板材搭建 T 型梁柱核心，预置其他元素构件节点；

3）组装楼梯、隔墙等框架形体，并预留构件接头；

4）按场地量取角度，对接和加固各个构件；

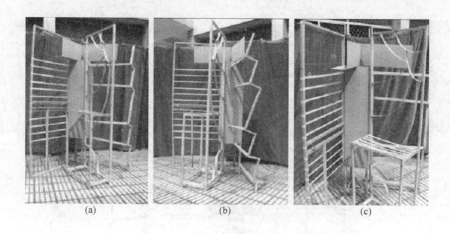

图6-4 实体组构模型各角度透视图

5）将尺度参照线、栏杆元素的曲线样条等细部构件植入。

（7）设计图样。模型立面图如图 6-5 所示。

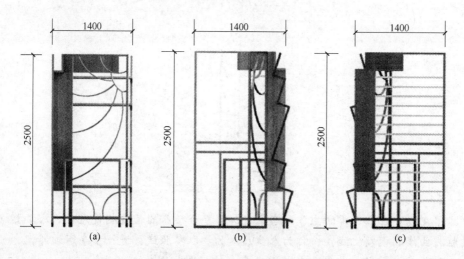

图6-5 模型立面图

（a）南立面；（b）东立面；（c）西立面

（8）评分情况。评分计算比例图如图 6-6 所示，具体评分情况如下：

13 分（设计主题）+18 分（构件集成秩序）+17 分（尺度准确性）+16 分（取材合理性）+12 分（工艺图纸表现）+9 分（团队协作）=85 分

（9）教师评语。该方案构思理性，从最基本的建筑人体尺度体验出发，采取骨架控制整体的空间组织，以解构的手法将实体尺度元素进行转化，形成轻盈通透、易于体验的尺度装置。

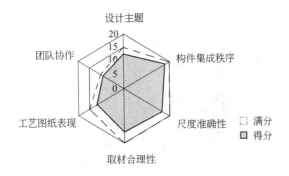

图 6-6 评分计算比例图

[案例 6-2] 尺度收纳盒

（1）设计意象：

收纳盒，隐藏，内向体验。

（2）设计自述。本作品设计构思为一个木制容器，寓意为尺度构件的元素收纳盒。在设计者的眼中，所有的装在盒中的楼梯、门、窗、装饰构件都褪去了本身所带的功能含义，成为了这个盒子中的一个物件。然而，当打开进入这个容器的时候，这些建筑上的构件又重新展现出来，成为视觉和行为体验的尺度元素。实体营造将原有体量一分为二，以两个相向的盒扇作为空间载体，设计采用黑白两种颜色的组配，将各种构件元素通过紧凑集合的方式布置于两侧，构成手法包含附着、嵌入、叠加等方式，形成一个尺度丰富的潘多拉盒。

（3）生成图解。模型形态生成图和尺度示意图分别如图 6-7 和图 6-8 所示，具体生成步骤如下：

第 1 步：设计首先从任务书设定的容积体出发，以收纳盒为构思，将原有体量一分为二，采用内向性的尺度构件体验。

第 2 步：将盒子侧向竖直放置，便于体验者的进出。盒盖与盒身采用黑白、厚薄进行区分，各自内部收纳不同的尺度元素。两侧体量采用框架先搭建主体形态。

第 3 步：对尺度构件进行收纳，薄体一侧放置尺度体验的模数参照线、门框等易附着的构件；另一侧厚体空间则集成梁柱、楼梯踏步、凳椅等较大尺度构件，并进一步优化空间收纳的效率。

第 4 步：对盒体两侧的构件进行色彩呼应处理，在主体中嵌入圆洞窗体构件，形成内外尺度体验的交融效果。

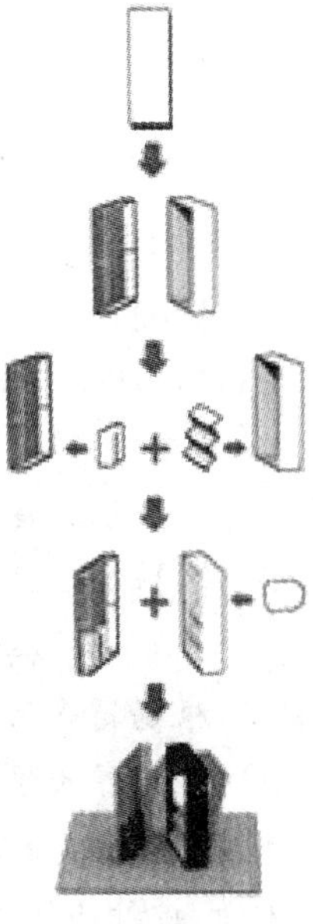

图 6-7 模型形态生成图

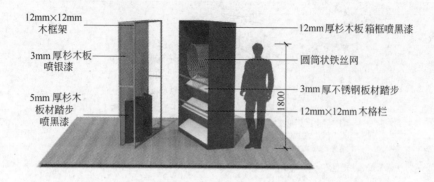

图 6-8　模型尺度示意图

（4）实体组构。实体组构模型透视图和细部图分别如图 6-9 和图 6-10 所示。

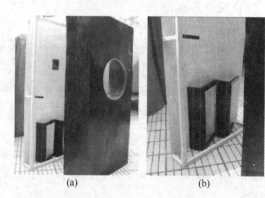

图 6-9　实体组构模型透视图　　　　图 6-10　实体组构模型细部图

（5）材料运用：

主材：杉木条，φ2mm 钢丝，5mm 厚三合板，金属网。

辅材：角铁，喷漆等。

（6）营建过程：

1）切割板材及杉木条，拼装出箱体结构；

2）在地面进行拼装放样，预置盒体的背和底的框架背景；

3）分组制作楼梯、台阶等尺度构件，并进行黑白配色处理；

4）根据箱体的空间设计，对尺度构件进行收纳拼装；

5）在预置的圆洞处嵌入金属网和有机片，形成窗体；

6）进一步加固构件元素和盒体之间的节点，设置尺度模数参考线。

（7）设计图样。模型立面图如图 6-11 所示。

（8）评分情况。评分计算比例图如图 6-12 所示，具体评分情况如下：

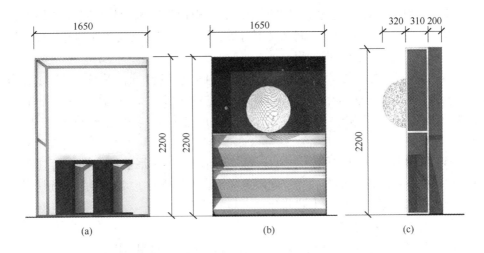

图6-11　模型立面图

13分（设计主题）＋16分（构件集成秩序）＋18分（尺度准确性）＋16分（取材合理性）＋12分（工艺图纸表现）＋9分（团队协作）＝84分

（9）教师评语。该作品将设定的体量打散，抽象出尺度元素构件，全部纳入张开的盒子空间中，一黑一白，一实一虚在构筑体的构成上相互对立，而合上之后又形成统一体，空间效率较高。但该作品对收纳方式的推敲不足。

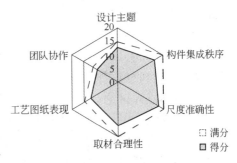

图6-12　评分计算比例图

6.2　间架合成

"安得广厦千万间，大庇天下寒士俱欢颜。"

——杜甫

6.2.1　训练任务与组织

6.2.1.1　教学目标

（1）培养学生对建筑最基本空间单元的认知，了解一对独立的"间"（面宽）、"架"（进深）体系可组合成的最小的构筑体空间以及其可承载和赋予的结构、功能、行为的作用，并由此衍生出多样化的间架构成系统。

（2）训练学生在独立的空间单元中，对结构构件和围护构件的集成性设计与建造，强调在特定主题或空间意义上对梁、板、柱、墙以及其他细部构件的组织、运用和工艺材料的实现过程。

（3）突出三维体的营建系统，将独立构筑空间单元的形态训练与实体化的构造、材料等原理相结合。以团队工作的方式，训练学生在匠作氛围中深化设计构思、实体空间体验、模型工艺、材料制作与成本控制等能力。

（4）由中国传统以"间架"为特征的空间单元，拓展到亭台楼阁等建筑基本组成单位，借助这些具有独立空间限定和围合的构筑体，培养学生系统地考虑构筑物整体的生成方式以及形式与建造之间的关系。

6.2.1.2 训练内容

（1）题目设定：在6m（长）×6m（宽）×6m（高）的容积范围内，自行拟定阁、宅、亭、台等主题空间，要求内含竖向分割的2层空间，二层分割板的水平投影不少于底层面积的50%，上下层之间有竖向交通构件，设计与营造要求体现独立空间单元的整体性。

（2）阶段内容：

1）前期汇报：以小班为单位，分组进行独立构筑单体构思以及间架构成的案例分析和资料收集，提出2~3个主题方案，采用"草图+草模"的表达形式，进行班内集体点评讨论。

2）中期考察：针对选定的设计方案，进行1：100的草模推敲，针对间架中各种构件要素进行优化，选定最终方案稿。

3）最终成果：制作小比例的实体模型，绘制最终图纸。

（3）模型要求：模型为集成营建的认知模型，比例为1：10，要求制作精细、形态美观，结构和围护构件关系清晰。可根据需要采用多种材料搭配。模型不同构件之间需表达出真实的连接关系。

（4）图纸要求：图幅为A1，内容包括"间架合作"的空间单体构思说明、工作过程与实体照片、设计图纸（1：50，具体应包含平面图、立面图、剖面图、轴测图）以及相应的生成分析和局部大样图。

6.2.1.3 重点难点

（1）在建筑设计基础阶段，初步建立学生对独立完整的基本空间单元的系统认知，了解其中梁、柱、板等支撑构件与墙、顶等界面构件的整体集成与组合关系。学习结构、围护、交通、装饰多种构件要素的集成。

（2）突出基本空间单元中"间架"体系的生成方式以及其形态、结构在实体营建中的表现，让学生了解空间内部竖向分割的基本方式。

（3）指导学生运用桁架、悬挂、壳体等结构方式处理独立空间。

6.2.1.4　教学流程

本训练模块设定为 24~30 学时。

（1）选定独立空间单元的营建主题，结合实际的楼、阁、宅、亭等案例，讲解间架组合系统的构造、形态与功能类型，解析空间生成的原理。

（2）每组学生提出 2~3 个方案构思，明确空间单元的功能或主题特征，分析方案中的空间分割和构造特征以及形态、肌理和材料表达方式。

（3）针对选定的优化方案，制作比例 1：20 的草模，进行方案试制，调整选材，优化不同构件元素之间组合方式，细化节点处理。

（4）制作最终模型，绘制设计图纸，按班级进行集体展示与教师点评。

6.2.1.5　师生组配

本训练以小班为单位，4 人一组，师生比宜为 1 人：（2~3）组。

（1）组长：总体把握进度，协调设计与制作，分配成员工作，与教师沟通。

（2）组员：按各自分工进行方案深化、构件加工、节点制作、图纸分项绘制等工作，参与方案讨论、材料选择和工艺优化，合作完成模型与设计图纸。

（3）主导教师：指导学生进行"间架"单元的设计构思、结构与构造选型，点评其形态与内部空间分割的合理性，把握模型表达和图纸表达的训练要求，协调小组之间人员工作，进行作业点评。

（4）辅讲教师：解决关键的技术难点，优化制作路径和工艺方案，协助各小组进行材料选择、成本核算。

6.2.1.6　评分标准

本训练以独立空间单元为主题，强调"间架"系统特征的多种构件要素集成秩序，注重三维空间体的整体性，要求模型和图纸表达准确精细。

（1）设计主题：考察独立空间单元的主题是否清晰、间架系统设计构思与空间构成和实体营造的方案的创新性及其概念表达。

（2）构件集成秩序性：对间架系统中结构、围护、交通、装饰等不同构件之间的组合进行评判，考察其模式和秩序的控制以及空间条理性。

（3）空间布局合理性：考察独立空间单元内部布局的合理性，竖向分割与整体间架形态的协调性，设计主题与空间格局的对应关系。

（4）取材经济合理性：针对多要素集成的模型，分析其构件形态对材料使用的合理性，基本材料模块在整体设计建造中的通用性程度。

（5）工艺图纸表现：对实体模型制作的工艺进行考察，评价模型节点与细部的表现程度，检查图纸绘制的准确性与美观性。

（6）团队协作效率性：对团队工作中各成员的工作量进行评价，考察模型和图纸制作中的贡献度，作为平时成绩的加权值。

（7）取分比例：设计主题 15% + 构件集成秩序 20% + 空间布局 20% + 取材

合理性 15% + 工艺图纸表现 20% + 团队协作 10%（见图 6-13）。

6.2.1.7 参考案例

间架关系是组成建筑体的基本方式之一。通过多个进深与开间的相互构筑组织，形成系统性的空间整体。间架组织方式既是通过梁、柱、墙等简单构件形成空间的营建方式，也是界面 + 结构的三维表达方式，相关案例见表 6-1。

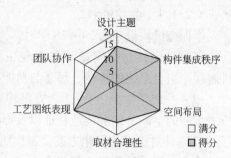

图 6-13 取分比例示意图

表 6-1 间架合成营建训练参考案例

序号	案例	案例图片	说明
1	中国应县木塔		木塔每一层都是一个间架结构单元体，随着竖向的构件尺度渐变，形成具有一定韵律关系的整体
2	上海世博会日本产业馆		基于对原有江南造船厂的改造，利用原有船厂的桁架 + 立柱体系，作为基本的间架单元，通过内部填充，生成新的功能
3	上海世博会中国馆		根据中国传统木构的井干结构，形成间架组成肌理，整体关系通过构件渐变悬挑，模拟传统斗拱的构造特征，立体性强
4	日本仙台媒体中心		通过空间竖向的筒体，作为支撑整个间架空间的结构单元。而筒体内部同样具有一定的使用性，整个间架组织产生嵌套性的趣味

续表6-1

序号	案　例	案 例 图 片	说　明
5	日本中银舱体楼		以立方体单元为实体，通过竖向交通结构体的悬挂组织，形成积木式组合的间架体系特征
6	中国福建土楼		土楼是由内外圆形界面围合而成的向性式形态，按照八卦的格局的对位格局，其间架组织是由多个相等的弧形梁柱单元组成的

6.2.2　作品案例分析

［案例6-3］　八棱台架

（1）设计意象：

三角桁架，十字对称，升降百叶。

（2）设计自述。本方案构思采用经典的三角形结构作为桁架原型，其受力组织合理明确。间架形态以内部倒置的八棱台为系统，与阁楼二层形成平面上的"十字对称"，使得每个结构单元均可形成三角体系，骨架清晰又不乏丰富性。在间架细部上，间架体系以阶梯状基座从四周向内汇聚，与内部十字平面相呼应。二层以上围护构件采用百叶形式，其肌理与间架透空的部分形成虚实的对比关系，间隔变化。"间"的上下部，呈现八棱台的正与倒的放置关系，并采用数列的模数排布。构造关系通过铰接和悬吊相结合，具有界面的局部可动性。

（3）生成图解。实体模型形态生成示意图如图6-14所示，具体生成步骤如下：

第1步：通过底部的井字框架设定出间架基本的十字形态基础，通过顶点铰接，形成具有三角形稳定结构的八棱锥框架体系，顶部用圆环进行嵌套，完成整体稳定性方案。

第2步：将八棱锥进行竖向划分，设置成两层的阁楼布局，八根小柱与外部大柱呈三角结构，并且用正方框架通过数列的模数变化，形成倒置的八棱台。上下层之间覆盖由12个正方形组成的分割平面，并以有机玻璃的虚体质感与整体木框架相配合。

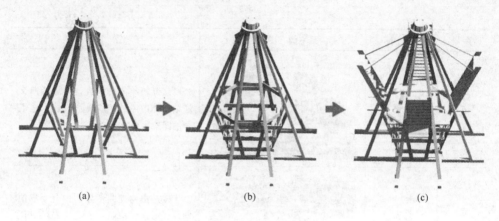

图 6-14　实体模型形态生成示意图

(a) 塔式结构骨架；(b) 内部倒置框形棱台；(c) 悬索结构拉伸百叶

第 3 步：在第 2 步的基础上，底层空间采用梯状井架方式形成棱台组合方式，与内部聚集形式相呼应。二层围护结构以百叶为母题，通过顶部的悬索牵拉，形成一种张力效果，富有动感。线与框架、百叶与梯架之间通过节点固定，形成中心对称的力学抵消关系。

(4) 实体组构。实体组构模型细部图如图 6-15 所示。

图 6-15　实体组构模型细部图

(5) 模型细部。模型细部如图 6-16 所示。

(6) 材料运用：

主材：杉木条，3mm 厚有机玻璃片，5mm 厚杉木板。

辅材：鱼线，木胶等。

(7) 营建过程：

1) 量取截面 8mm×8mm 的杉木条，搭接两对十字交叉的井字形底座，再用八根木条作为间架支柱，搭接成八角对称方向的八棱锥形态，顶部用木板制成的圆环进行嵌套固定；

2) 用八根截面 6mm×6mm 的杉木条反向支架于主棱柱中部，与外部的木条

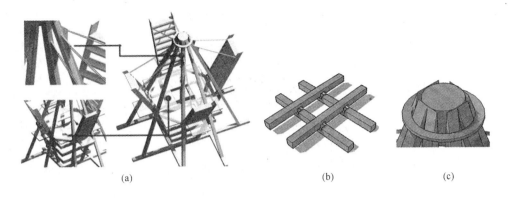

图 6-16　模型细部图

（a）细部节点；（b）底座井架；（c）顶部束圈

架形成稳固的倒三角结构，并安装倒置柱体之间的木百叶；

3）搭建底部的井架基座，在基座平台上覆盖 3mm 厚有机玻璃片，分割上下两层；

4）采用鱼线悬拉四组百叶梯板，形成可动的围护界面。

（8）设计图样。模型设计图如图 6-17 所示。

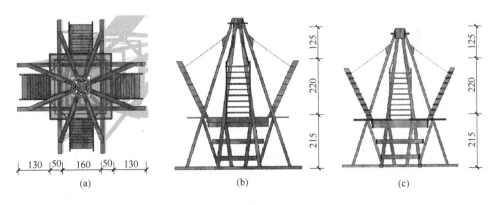

图 6-17　模型设计图

（a）顶面图；（b）剖面图；（c）立面图

（9）评分情况。评分计算比例图如图 6-18 所示，具体评分情况如下：

12 分（设计主题）+ 18 分（构件集成秩序）+ 18 分（空间布局）+ 13 分（取材合理性）+ 18 分（工艺图纸表现）+ 9 分（团队协作）= 88 分

（10）教师评语。该设计采用三角形正置和倒置的间架组成，生成八棱锥和台的形态，其结构布局合理明确，设计形成稳定的力学和独立空间系统关系，但其基座与上部构造不够统一。

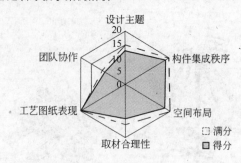

图 6-18　评分计算比例图

[案例 6-4]　双曲格架

（1）设计意象：

双曲面，发散骨架，铰接支撑。

（2）设计自述。本设计构思特点为支架＋面罩的组合方式，突出支撑与围护结构的并置关系。设计由三组 A 形支柱支撑起两层的双曲面顶部构件。其中间架空间的顶部借助拉索生成直线曲面的形态，成为向外扩散的台口形式。支撑体系以铰接点为基础，受力清晰稳固，而且三组 A 形支柱使用合页链接，可调整角度，使得整体间架系统具有一定的可变性。

（3）生成图解。模型形态生成示意图如图 6-19 所示，具体生成步骤如下：

第 1 步：按照 45°的向心间隔，确定三组 A 形支柱，在此基础上设置横向连接架。

第 2 步：以 A 形支柱为纵向支撑，在横向联系杆件组合下形成三角力学平衡，并实现纵向承重与横向稳定关系，在第 1 步完成骨架的基础上进一步搭建双曲面的边杆，同样也生成三角形稳定系统。与此同时，三组双曲面顶架相互之间顶点相连，保证整体稳定性。

第 3 步：在第 2 步的基础上，对双曲面的顶架空间进行细部深化，通过在边

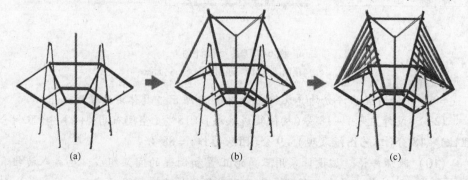

(a)　　　　　　　　　　　　(b)　　　　　　　　　　　　(c)

图 6-19　模型形态生成示意图

（a）底部支架；（b）架构悬索结构；（c）搭接双曲抛物面

杆之间量取安装直线木条，自然形成连续有秩序感的双曲抛物面形态，造型优美充满张力，线条之间通过线拉索固定，整体关系流畅轻盈，围护结构与支撑结构区分明显。

（4）模型组构。不同角度下计算机设计模型图如图6-20所示。

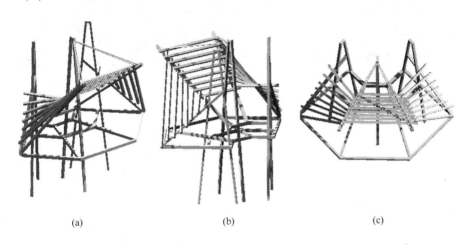

（a） （b） （c）

图6-20 不同角度下计算机设计模型图

（5）营建过程：

1）量取杉木板，按照A形支柱尺寸进行链接，三组三角形支架相互呈45°角向心布局，支柱与底板之间的连接采取铝片节点铰接，支柱的顶端用合页铰接；

2）用榫接的方式将二层的木制扇形框架搭接在三组A形支柱上。横向稳定构件通过与A形支柱连接获得支撑力，完成整体结构框架的搭接；

3）根据顶面三角形框架，量取三组平行的木条，并根据两侧边杆，通过线的绑扎形成自然的连续双曲面，完成间架的外围护系统。

（6）实体组构。实体组构模型图如图6-21所示，实体模型细部图如图6-22所示。

（7）材料运用：

主材：杉木条，3mm厚有机玻璃，2mm厚杉木板。

辅材：铝片，螺丝钉，木胶等。

（8）设计图样。模型设计尺寸图如图6-23所示。

（9）评分情况。评分计算比例图如图6-24

图6-21 实体组构模型图

图 6-22 实体组构模型细部图

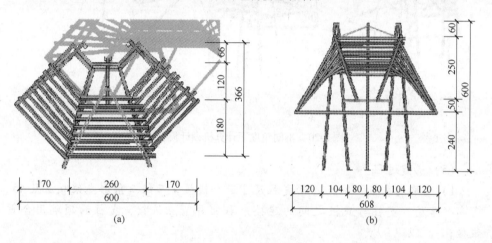

(a)   (b)

图 6-23 模型设计尺寸图

所示，具体评分情况如下：

12 分（设计主题）＋17 分（构件集成秩序）＋17 分（空间布局）＋13 分（取材合理性）＋17 分（工艺图纸表现）＋9 分（团队协作）＝85 分

（10）教师评语。该设计构思采用一个发散的扇形为间架组织的主题，其中扇面组成以双向曲面为基础相互连接。整体设计制作中结构构件与围护构件之间的区分明确，力学关系合理，铰接与线拉关系平衡。但空间组织中缺乏竖向划分，水平层次模糊。

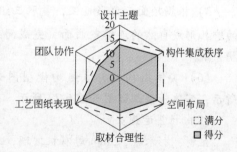

图 6-24 评分计算比例图

第7章 体验式场所营建训练

7.1 正格——九宫内外

  "建筑与基地间应当有着某种经验上的联系，一种形而上的联系，一种诗意的连结！"

——斯蒂文·霍尔

7.1.1 训练任务与组织

7.1.1.1 教学目标

（1）本模块为营建认知训练的延伸模块，由局部和单体构筑物，拓展到外部与环境空间中。培养学生外部空间设计的能力，尝试将各类构筑物融入到基地中，要求学生理解在外部环境中进行空间组织、场所生成的方法规律，弱化场地环境组织与构筑体营建之间的界限。要求学生从狭义的构筑空间生成，延伸到广义的行为体验的场所空间塑造。

（2）让学生掌握场地布局的基本法则，通过对不同功能主题下人行为的特征体验，设定与之相适应的场所载体，以及其所涵盖的地形肌理、开放空间、构筑体、流线路径的整体性营建。重点突出从地形格网为模数对空间营建的材料、元素、秩序和流线的控制，树立广义建筑学下的营建观。

7.1.1.2 训练内容

（1）题目设定：

自定场所设计和营造主题，其中场所中的构筑体建造设定特定的功能体验，并统领场所的主题，例如纪念场、宗教场、休闲场、商业场、私家园林、墓园等具有特征行为的环境背景。实体营建对主题的表达除了借助构筑体之外，还必须包括道路、开放空间、景观等场地要素的表达。

在 $30m \times 30m$ 的基地内，以 $10m \times 10m \times (6 \sim 30)m$(高)为一个单体，单体可设置成构筑体（内可划分层），满足人体基本尺度与活动要求，并设置水体、小品、坡道、台阶、景墙、围墙、铺装、构筑物、植物（乔木、灌木、地被植物）等辅助元素，整个基地的出入口不少于 2 个，需设定串接各个场所主题的流线路径。场所与构筑体营造，必须表达出九宫网格对空间秩序的影响（可合理考虑对原网格的变形与细分调整）。基地内如果设置竖向变化，其高差不宜大于 10m。

（2）阶段内容：

1）前期汇报：本模块训练采取打通年级，跨班级组队的方式，每组为 3 ~ 4 人，小组选定方案主题后进行案例调研，相同场所主题的调研可以由相关组队共同完成，小组以 PPT 形式汇报分析 5 ~ 8 个案例，并以"草图 + 草模"的形式呈现 3 个九宫格概念设计方案，进行全班内集体点评讨论。

2）中期制作：以小组为单位，根据场所与营造体的关系设定，确定以及优化设计方案，完善辅助元素，选择适当材料，完成中期模型制作，并优化行为路径与节点空间。

3）最终成果：以小组为单位细化方案，准备正模材料，绘制设计图纸，制作正稿模型。

（3）模型要求：模型比例为 1：50，材料使用要求尽量表现场所氛围的特性、肌理、质感。木材、金属、有机玻璃、布等剪裁制作要求精细。场所与构筑物的营造，在视觉体验和行为路径关系上要表达清楚九宫格的秩序演变依据以及对营造控制的影响。

（4）图纸要求：图纸大小为 A1，内容包括主题说明，九宫格组合变换与秩序设计，照片要求表达营建过程（不少于 6 张），工程图纸包括平面图、立面图、剖面图（比例 1：50），根据需要绘制分析图（流线分析、网格分析等，比例自定）。

7.1.1.3　重点难点

（1）树立广义的建筑营建观，将场所作为设计建造的对象之一。运用建筑设计基础中的平面构成、立体构成等法则，深入场所网格与肌理的构造关系，培养空间分层与竖向设计构思的能力。

（2）改变"建筑-场地"的分化思维，将场所中所有的元素，包括构筑物、绿化、地形、道路等，形成一体化的营建对象，进一步强化场地中不同功能属性的元素、材质软硬之间的协调性与边界融合关系。

（3）建立对空间尺度的基本观念，重点探求不同空间场所所需营造的空间气氛、所需的尺度，以及需要提供的活动人体的感知尺度。

（4）要求学生根据场地特色选择不同的肌理类型。不同的场地划分和布局区分不同的空间布局，从而确定场地营建的秩序、轴线等限定要素。

（5）掌握外部空间的布局特色，了解骨骼、单元、节点、界面在外部场所中的应用，了解和认知场所建构的工程步骤与相关程序。

7.1.1.4　教学流程

本训练模块设定为 30 ~ 36 学时。

（1）引导学生自选和设定场所主题。结合环境行为学的基础认知，讲授该其中规律与原理，立足主题功能对空间行为进行分析，帮助学生了解和掌握基本的行进、停留、交往、使用、观演等场所的人流特征和空间分布形态。针对同类型案例进行调研分析，并进行点评。

（2）指导学生以小组为单位，针对构思方案进行分析梳理，通过构筑体和场地关系，引导学生选择相适应的材质，并对构筑体内部和外部空间的连接进行多方案探索，形成人工-半人工-自然之间材质、构件的过渡。

（3）协调学生制订明确的营建计划和团队的分工组织关系，并进行场所行为的分析。指导学生针对个体方案的适宜性进行评价，并对实体组合的可行性进行判断。评定中期实体模型，指导学生进一步调整整体关系，优化环境和细部处理。在具体功能设定下，要求学生完成空间限定与流线布局。

（4）制作完成整体模型，完成整套图纸绘制。

7.1.1.5　师生组配

本训练为学生跨班级自由组合，4 人一组，师生比宜为 1 人 :（2 ~ 3）组。

（1）组长：总体把握进度，协调设计与制作，分配成员工作，与导师沟通。

（2）组员：按各自分工进行方案深化、构件加工、节点制作、图纸分项绘制等工作，参与方案讨论，材料选择，合作完成模型与设计图纸。

（3）主导教师：指导学生进行九宫格的主题构思、环境塑造选型，点评其外部空间与内部空间的合理性，把握模型表达和图纸表达的训练要求，协调小组之间人员工作，进行作业点评。

（4）辅讲教师：讲解环境行为学的基本知识，对场所设计中的路径流线进行优化指导，协助各小组进行尺度把握、材料选择等内容。

7.1.1.6　评分标准

本模块评分注重在地形网格的基础上对环境营造的把握，强调地形肌理与构筑体的有机融合，突出场所多要素一体化营建的逻辑关系。

（1）主题构思：主题构思是否明确，是否具有场地布局的基本控制法则，在不同功能主题下对场所行为的特征把握。

（2）场地构造：场地构造是否以地形格网为出发点，构筑体与地形构造是否能符合空间主题，场地肌理是否能够生成相关主题的体验。

（3）秩序控制：整体设计营建是否采用一定的网格进行控制，构筑体、路径等人工元素与场地自然元素的秩序控制是否清晰。

（4）材料选择适宜性：营建过程中的选材尺寸、形状是否符合工艺要求，不同场所的质感氛围是否体现于场地营建材料属性中，其基本构件元素是否具有模数控制下的通用性和有效利用率。

（5）模型图纸表现性：模型制作是否能够清晰表达场地的地形构造和构筑体空间，模型加工是否能够体现材料细部与质感。图纸绘制能否清晰表达场地生成的关系分析，工程图样是否完整和准确。

（6）取分比例：主题构思15%＋场地构造25%＋秩序控制25%＋材料选择15%＋图模表现10%（见图7-1）。

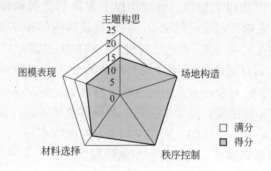

图7-1 取分比例示意图

7.1.1.7 参考案例

场所营建参考案例如图7-2所示。

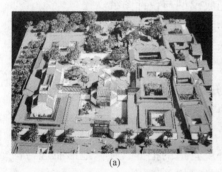

(a)　　　　　　　　　　　　　　　　　　(b)

图7-2 场所营建参考案例

（a）苏州博物馆新馆；（b）意大利圣马可广场

7.1.2 作品案例分析

[案例7-1] 上下九宫

（1）设计意象：

九宫网格，点阵，地下展示。

（2）设计自述。本设计意象为双层九宫格，分为地下空间和地面场地。设计营建重点着重于上下两层空间的对比和关联性，其中地下部分为较多空间分割的九宫格局，地上部分为秩序简洁的场地划分，通过对场地流线和功能的消隐以实现对地面空间的充分利用。地下部分着重于较为实体的空间功能构筑，地上部分则为软质的景观空间,上下之间通过九宫网格模数进行对应。整体设计意图是通过上下层的对比,在相同秩序控制下营造不同的场所体验氛围。

(3) 生成图解。平面结构变化过程如图7-3所示,具体步骤如下:

第1步:根据任务设定将上下两个30m×30m的正方形场地进行等分,变成3×3的九宫格场地,在此模数下进一步划分为18个小单元格。

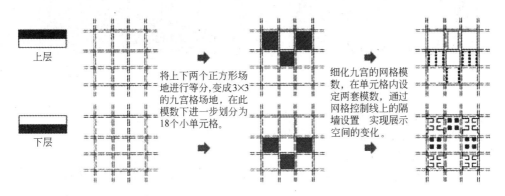

上层

下层

将上下两个正方形场地进行等分,变成3×3的九宫格场地,在此模数下进一步划分为18个小单元格。

细化九宫的网格模数,在单元格内设定两套模数,通过网格控制线上的隔墙设置,实现展示空间的变化。

图7-3 平面结构变化过程

第2步:在场地中,选择其中三个方格作为上下透空的虚体空间,三个方格交错呈品字形格局,实现上下空间贯通的变化特征。品字贯通空间的中心,设置为上下垂直交通的中心。自上而下呈现地上实体——交通核——地下虚体——地下实体的行为流线体验序列。

第3步:考虑将整个场所确定为地上休闲和地下展示的功能。地上部分作为一个屋顶花园,其场地植被采用九宫网格的矩阵布局,空间开放。地上与地下实体空间在九宫网格处做通透的光槽处理,标识九宫单元的竖向分割。

第4步:进一步细化九宫的网格模数,在单元格内设定1/2与1/4两套模数,通过网格控制线上的隔墙设置,实现展示空间的停留、穿行等动线系统,并最终将人流组织汇聚到垂直交通核(见图7-4)。

(4) 实体组构。实体组构模型图如图7-5所示,实体组构模型拆分图如图7-6所示。

(5) 材料运用:

主材:5mm厚杉木板,杉木条,φ2mm

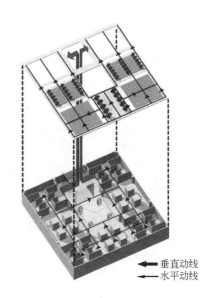

← 垂直动线
← 水平动线

图7-4 动线分析图

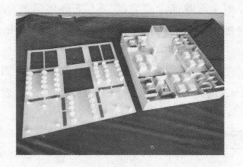

图 7-5　实体组构模型图　　　　图 7-6　实体组构模型拆分图

钢丝，3mm 厚有机玻璃片。

辅材：角铁，卡槽等。

（6）营建过程：

1）量取杉木板，对其进行九宫尺寸的放样，确定各个单元的位置和虚实；

2）先以杉木板制作底层空间，围合地面和地下的高差边界，设置柱体和墙体支撑构架；

3）根据展示流线设计，完成底部空间的分割限定；

4）量取和剪裁有机玻璃，制作和安放中间交通核；

5）划分上层空间的虚实，并将其固定于底层支撑之上；

6）按网格矩阵布置地面植被。

（7）设计图样。模型拆顶前后顶视图分别如图 7-7 和图 7-8 所示。模型立面图如图 7-9 所示。

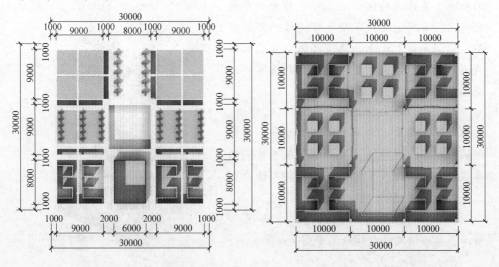

图 7-7　模型顶视图　　　　　　图 7-8　拆顶后模型顶视图

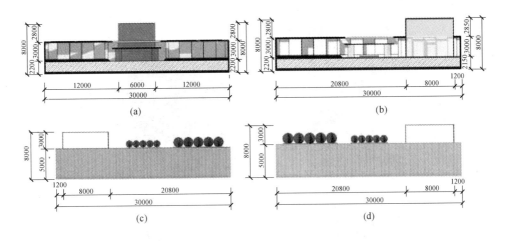

图 7-9　模型立面图

（8）评分情况。评分计算比例图如图 7-10 所示，具体评分情况如下：

12 分（主题构思）+ 22 分（场地构造）+ 22 分（秩序控制）+ 17 分（材料选择）+ 12 分（图模表现）= 85 分

（9）教师评语。该设计以九宫格的网格变化为控制手段，采用竖向叠合的方式划分出地上与地下两个场所区域，下部展示空间与上部地面通过多个虚体格与线槽进行垂直贯通，体现场所的联

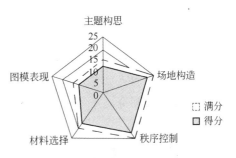

图 7-10　评分计算比例图

系性。整体设计营建秩序感强，空间特征清晰，但在正交网格上过于严谨，缺乏变化。

［案例 7-2］　半壁山水

（1）设计意象：

山水格局，穿越，层叠。

（2）设计自述。本设计试图通过轴线的偏转来形成对比性的构成关系，在原有九宫的秩序下细化网格为正交体系和 45°的对角体系。通过一角的抬高以及相对一角的下沉来强调空间垂直高度方向的变化，具有较为直观的空间场所体验。在其中融入了片墙、楼梯、桥等元素，起尺度标杆的作用，同时大尺度大体量的体块成为整个场所的视觉中心。

（3）生成图解。模型节点透视图如图 7-11 所示，剖面标高变化分析如图

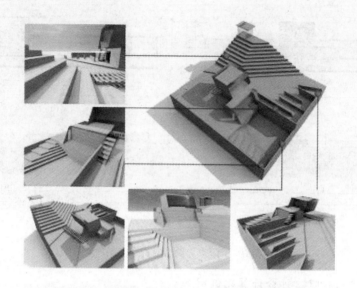

图 7-11　模型节点透视图

7-12 所示，平面结构生成图如图 7-13 所示。模型生成的具体步骤如下：

　　第 1 步：根据九宫网格单元进行 1/4 的网格细分，设定正交和 45°对角的两套网格系统，并划分整个平面。其中整个基地的对角设定为场所划分的主轴线。

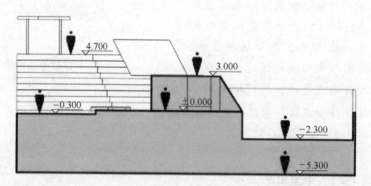

图 7-12　剖面标高变化分析

　　第 2 步：以中间的对角为场地最低的水体平面，贯穿整个场地长条平面为分界，设定正交和 45°网格的场所特征，其中正交体系为人工场所，偏转一侧为层叠的山体自然空间，二者隔水相对。

　　第 3 步：在竖向设计中，转角区域按九宫模数进行逐步升高，形成场地制高点，形成自然山体意象。正交网格一侧通过控制线分别设立庭院、构筑体、平台区域，突出人工场所体验。

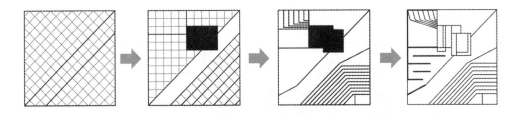

图 7-13　平面结构生成图

第 4 步：场地中心通过小型构筑体作为联系各个区域的枢纽，并以廊桥联通河岸两端，建立整个场地的流线系统和行为体验秩序。

（4）实体组构。实体组构模型图如图 7-14 所示。

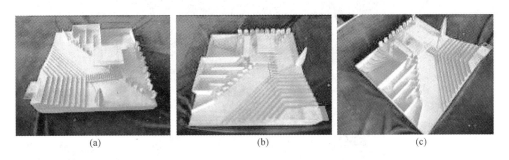

　　　　　　　（a）　　　　　　　　　　　（b）　　　　　　　　　　　（c）

图 7-14　实体组构模型图

（5）材料运用：

主材：杉木条，5mm 厚杉木板。

辅材：角铁，螺栓，木胶等。

（6）营建过程：

1）在九宫尺寸模板上进行网格细分放样，设定 12×12 的次轴线，并通过旋转 45°形成 2 套网格系统；

2）设定场地对角的水体为标高最低处，营造左右两侧的立体空间，根据不同水平高度设定山体、水体和人工构筑区，预留场所构件的插槽和卯榫接口；

3）根据次网格的模数，分组制作平台、廊架、构筑体等场所主体构件，按预留接口安装固定于场地底板中；

4）细化台阶、楼梯、廊柱、矮墙等细部场所构件，按设计网格进行安装固定；

5）对场所模型的各接口进行打磨调整，撤除辅助线，安装植被等景观元素。

（7）设计图样。模型设计尺寸图如图 7-15 所示。

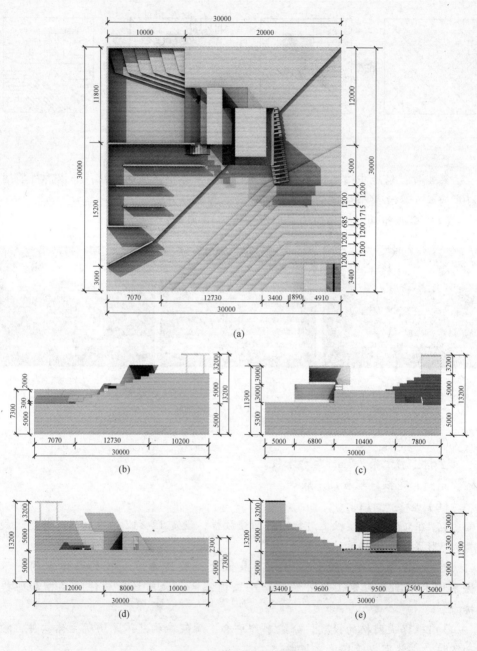

图 7-15　模型设计尺寸图
(a) 平面图；(b)～(e)立面图

(8) 评分情况。评分计算比例图如图 7-16 所示，具体评分情况如下：
11 分(主题构思) +20 分(场地构造) +20 分(秩序控制) +17 分(材料选择)

+12分(图模表现)=80分

(9) 教师评语。该设计构思融合水体区、山体区和人工构筑区三种场所元素，根据九宫网格的细化和旋转来进行不同区域的组合设定。整体设计中采用层叠、平行、旋转等多种场地元素的组成手法，形成具有水体主轴＋构筑核心的场所特点，根据不同地形元素的表达，行为和流线疏朗关系清晰。整体设计营造较为简洁，但水体和山体场所的设计深度略有欠缺。

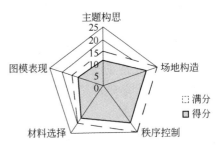

图7-16　评分计算比例图

7.2 变格——俄罗斯方块

"如果能够把花草、树木、流水、光跟风根据人们自己的意愿从自然界中提炼出来，那么人间就接近于天堂了。"

——安藤忠雄

7.2.1 训练任务与组织

7.2.1.1 教学目标

(1) 本模块为九宫格场地营建的变化模块（正格与变格在实际教学路线中为二选一模式），网格模数为九宫中九个格子的重组，可以变形为"L"、"回"、"H"等多种非规则的基地形态。变格的设置可进一步培养学生对外部空间设计的地形组织与掌控，尝试根据基地来控制不同构筑元素，要求准确运用场地环境特色，洞察基地环境的可塑性，从而完成建筑与周围环境的完美统一，引导要求学生从行为体验角度思考和塑造场所空间。

(2) 要求学生掌握体验式场所营造，学会克服单体建筑的定势思维，把已经存在的自然形式和现代人工结构进行融合与互动，表达空间中的人们可以感知的"场所意识"。

(3) 培养学生以地形、场地为背底的设计能力，深化平面构成、立体构成等基本形态原理的运用技巧，进一步了解和深入场所中的尺度空间关系，并学习符合人行为方式的尺度限定元素的表达与布局。

(4) 了解体验式审美经验的直接反馈，对不同形态和尺度的水体、山体、植被、构筑体、道路、高差等要素的行为感受特征进行梳理，进一步明确不同元素和形态在场地中的吸引、分散、聚集、节奏等作用以及空间组织对行进、穿越、停留、往复、交流等行为的导控方式。

7.2.1.2 训练内容

（1）题目设定：

由学生自定场所设计和营造的主题，其中构筑体的建造需要设定特定的功能体验，例如纪念性场所、休闲场所、商业场所、城市景观等具有特征行为的环境背景。对主题的表达除了借助构筑体的建造之外，还要包括道路、景观、公共活动空间等场地要素。

以 10m（长）×10m（宽）×（6～30）m（高）为一个单体，将九个单体进行俄罗斯方块式的重组，要求每个单元至少有一条边长与其他单元重合相邻，最终形成多样可选的基地底盘。在新基地上单体可设置成构筑体（内可划分层），场地元素包含水体、小品、坡道、台阶、景墙、围墙、铺装、植物等辅助元素，整个基地的出入口不少于 2 个，需设定串接各个场所主题的流线路径。场所与构筑体营造必须表达出网格秩序的影响。基地内竖向高差不宜大于 10m。

（2）阶段内容：

1）前期汇报：本模块训练采取打通年级，跨班级组队的方式，每组为 3～4 人，相同场所主题的调研可以由主题相关小组共同完成，小组以 PPT 形式汇报分析多个案例，并以"草图＋草模"的形式呈现 3 个俄罗斯方块组合的概念设计方案，全班进行集体讨论。

2）中期制作：以小组为单位，根据场所主题与构筑体的关系设定，确定并优化设计方案，完善辅助元素，并优化流线路径与节点空间，完成中期模型制作。

3）最终成果：以小组为单位细化方案，准备模型材料，绘制设计图纸，制作正式模型。

（3）模型要求：模型比例为 1：50，材料使用要求尽量表现场所氛围的特性、肌理、质感。构筑物与相关元素的营造，需要在视觉体验和行为路径关系上清楚表达方格单元的秩序演变，以及对营造控制的影响。

（4）图纸要求：图纸大小为 A1，内容包括主题说明、各方块单元组合变换与秩序设计，照片要求表达营建过程（不少于 6 张），工程图纸包括平面图、立面图、剖面图（比例为 1：50），根据需要绘制分析图（流线分析、网格分析等，比例自定）。

7.2.1.3 重点难点

（1）通过场所各要素的整体营建，培养学生运用平面构成、立体构成等法则深入研究地形网格与肌理的构造关系以及场地竖向设计的能力。

（2）改变"建筑"与"场地"的二元分化思维，强调对建筑和环境的整体考虑。要求学生设计建造时综合考虑场地中包括构筑物、道路、绿化等所有元素，强化不同元素在场地中的功能属性。

（3）通过场所整体营建建立学生对于空间尺度的基本观念，研究不同功能、主题的场所所需营造的空间气氛以及所需的尺度。重视"人"的感受，探索使用者心理和空间环境之间的关联，依据不同需求的人体尺度与心理尺度营造适宜的场所氛围。

7.2.1.4　教学流程

本训练模块设定为 30～36 学时。

（1）引导学生自选和设定场所主题。立足主题功能对空间行为进行分析，帮助学生了解场所的人流特征和空间分布形态。针对同类型案例进行调研分析，并进行点评。

（2）指导学生以小组为单位对构思方案进行分析梳理，对构筑体内部和外部空间的连接进行多方案探索。

（3）协调学生制订明确的营建计划和团队的分工组织关系。评定中期实体模型，指导学生进一步调整场地整体关系，优化环境和细部处理。在具体功能主题设定下，要求学生完成空间限定与流线布局。

（4）制作完成整体模型，完成整套图纸绘制。

7.2.1.5　师生组配

本训练为学生跨班级自由组合，4 人一组，师生比宜为 1 人∶（2～3）组。

（1）组长：把握总体进度，协调设计与制作，分配成员工作，与导师沟通。

（2）组员：按各自分工进行方案深化、构件加工、节点制作、图纸分项绘制等工作，参与方案讨论，材料选择，合作完成模型与设计图纸。

（3）主导教师：指导学生进行俄罗斯方块的场地主题构思、环境塑造选型，点评其外部空间与内部空间的合理性，把握模型表达和图纸表达的训练要求，协调小组之间人员工作，进行作业点评。

（4）辅讲教师：讲解环境行为学的基本知识，对场所设计中的路径流线进行优化指导，协助各小组进行尺度把握、材料选择等内容。

7.2.1.6　评分标准

（1）主题构思：主题构思是否明确，是否具有场地布局的基本控制法则，在不同功能主题下对场所行为的特征把握。

（2）场地构造：场地构造是否以地形格网为出发点，构筑体与地形构造是否能符合空间主题，场地肌理是否能够生成相关主题的体验。

（3）秩序控制：整体设计营建是否采用一定的网格进行控制，构筑体、路径等人工元素与场地自然元素的秩序控制是否清晰。

（4）材料选择适宜性：营建过程中的选材尺寸、形状是否符合工艺要求，不同场所的质感氛围是否体现于场地营建材料属性中，其基本构件元素是否具有模数控制下的通用性和有效利用率。

（5）模型图纸表现性：模型制作是否能够清晰表达场地的地形构造和构筑体空间，模型加工是否能够体现材料细部与质感。图纸绘制能否清晰表达场地生成的关系分析，工程图样是否完整和准确。

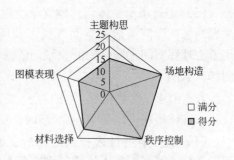

图 7-17　取分比例示意图

（6）取分比例：主题构思 15% ＋场地构造 25% ＋秩序控制 25% ＋材料选择 15% ＋图模表现 10%（见图 7-17）。

7.2.1.7　参考案例

场所营建参考案例如图 7-18 所示。

(a)

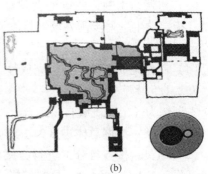
(b)

图 7-18　场所营建参考案例

（a）日本筑波中心；（b）苏州留园平面图

7.2.2　作品案例分析

[案例 7-3]　大地冥想

（1）设计意象：

地形嵌入，冥想所，网格突破。

（2）设计自述。本设计构思为自然环境中静谧的冥想场所。设计以俄罗斯方块中的"Z"、"L"和"I"进行组合，形成一侧边界错落的场地格局。设计大胆突破原有网格的束缚，将场地中的自然山体、水平地面、下沉庭院和标志物进行一体化设计。营建团队需要实现在一块平缓坡地中建立具有标志性的且与大地紧密融合的停留场所。设计手法采用下沉、悬挑、挑空、穿越等多种方式处理场所的立体流线，最终体现自然场所与人工构筑之间的有机融合。

（3）生成图解。模型形态生成示意图如图 7-19 所示，模型节点透视图如图

图 7-19　模型形态生成示意图

7-20 所示，模型平面图如图 7-21 所示。模型生成具体步骤如下：

第 1 步：根据俄罗斯方块中的 "L"、"Z"、"I" 共 9 个正方形单元格，合成场地的平面形态，在平直一侧设为水平地形，退格一侧布置缓坡山地，形成单侧高起围合的竖向格局。

第 2 步：平整场地一侧设置为构筑体与地形融合的场所形态，其中下沉庭院、地面层均与周边地形有机接入，并通过中心的冥想标志构筑体，统合整个场地流线和功能核心。

第 3 步：采用正方形网格的 1∶2 对角线偏转为辅助轴线，对冥想构筑体、下沉庭院进行形态控制，生成具有三角形稳定性的空间格局，冥想体一侧抬高，突出向上和斜向的视觉冲击力，统合场所的精神中心。

第 4 步：结合主体场所构成的序列，在嵌入地形的空间上空增加斜向秩序的采光带，为主体流线通路布设场地垂直交通元素，通过局部小品和绿化配置，完善主题场景氛围。

（4）实体组构。实体组构模型图如图 7-22 所示。

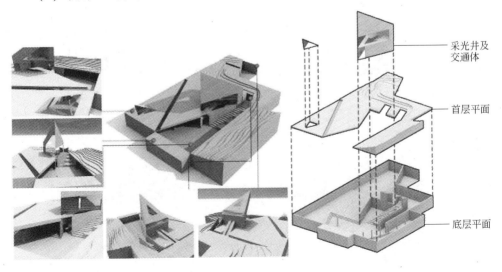

采光井及
交通体

首层平面

底层平面

图 7-20　模型节点透视图　　　　　　图 7-21　模型平面图

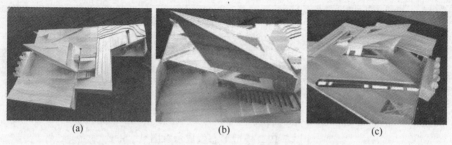

图 7-22　实体组构模型图

（5）材料运用：

主材：杉木条，5mm 厚杉木板，3mm 厚有机玻璃片。

辅材：角铁，螺栓，木胶等。

（6）营建过程：

1）量取俄罗斯方块组合的地形底板，根据设定的山体、地面、下沉空间、冥想构筑体进行定位；

2）以杉木板拼合出场地的不同高差所围合的界面，形成立体场所的地形格局，并预留构筑体、垂直交通、采光体的插槽和卯榫接口；

3）分组放样，制作冥想构筑体、山体、台阶楼梯、下沉庭院隔断等元素构件，并进行主题构筑物的组装和固定；

4）量取和剪裁有机玻璃，完成冥想窗、采光槽等虚体界面的塑造；

5）制作和安置植被小品构件。

（7）设计图样。模型立面图如图 7-23 所示，模型各平面图如图 7-24 所示。

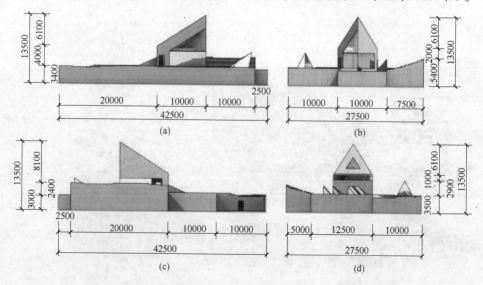

图 7-23　模型立面图

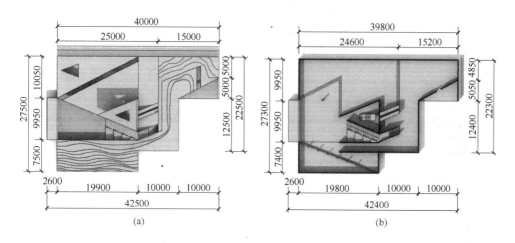

(a)　　　　　　　　　　　　　　　(b)

图 7-24　模型各平面图

（8）评分情况。评分计算比例图如图 7-25 所示，具体评分情况如下：

12 分（主题构思）+22 分（场地构造）+20 分（秩序控制）+17 分（材料工艺）+12 分（图纸表现）=83 分

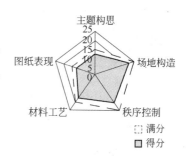

图 7-25　评分计算比例图

（9）教师评语。该设计以冥想空间为主题，进行场所元素营造和场所体验流线的布局，其思路清晰，具有一定功能特征。设计营造使人工构筑体与自然地形之间结合较为协调，场所中心的标志感强烈，能够较好传达场所体验的目标性。整体营造简洁中富有动感，但对原有俄罗斯方块中网格控制的秩序表达较弱，其偏转角的次轴线需要进一步论证。

[案例 7-4]　**单体的重复和变化**

（1）设计意象：

单体模数，洞穴覆土，视觉打破。

（2）设计自述。本设计以边长 60mm 的菱形为基本单体，并遵循此模数通过重复变化表现出梯田形高地的感觉，用大跨度 V 形长廊打破空间，称为视觉中心，地下剧场采用覆土设计，融入"穴"的特点。室内采光采用天窗的方式，交通流线顺畅，作品给人强烈的透视感。

（3）生成图解。模型形态生成图解如图 7-26 所示，模型节点透视图如图 7-27 所示。模型具体生成步骤如下：

第 1 步：以边长为 60mm、锐角为 60°的菱形为基本模数单体，排列出每边为 9 个菱形的体块，形成梯田形高低的基调。

第 2 步：安排路径，营造环境氛围。坡地采取前陡—中平—后陡的渐变，更加富有韵律。为打破其单一性，用一个大的 V 形观光视觉长廊打破重复性空间，成为整体视觉中心，并且增加透视感，大尺寸的悬挑使观者产生一种不平衡感，增加冲击性。

以边长60mm的菱形排列出每边9个菱形的体块

安排路径和V形视觉长廊

设置地下剧场的入口以及采光天窗

下挖区域的交通流线布置

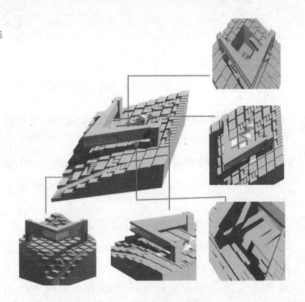

图 7-26　模型形态生成图解　　　　图 7-27　模型节点透视图

第 3 步：设置地下剧场的入口，入口采用玻璃材质，轻盈醒目，与基座的体积感形成对比，并且让人有种想要一探究竟的感觉。开设采光天窗，为地下剧场提供充足的通风和采光。

第 4 步：对下挖的空间进行交通流线安排和室内场景的布置。

（4）实体组构。实体组构模型图如图 7-28 所示。

（5）材料运用：

主材：5mm 厚杉木板。

辅材：3mm 厚有机玻璃片，木胶等。

（6）营建过程：

1）量取坡地的地形底板，根据模数为 60mm 的菱形单体切割出一定数量的木块；

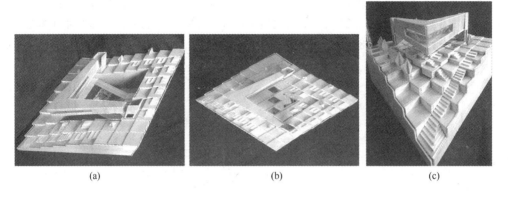

(a)　　　　　　　　(b)　　　　　　　　(c)

图 7-28　实体组构模型图

2）以杉木板拼接出前陡—中平—后陡的体块，布置场地路径以及两块通风井；

3）制作大体量的 V 形观景视觉长廊，并且处理好悬挑的结构；

4）用有机玻璃制作地下剧场的玻璃入口以及采光天窗；

5）将地下剧场的下挖部分留出来，布置人流交通流线以及舞台和观众座位。

（7）设计图样。模型设计图如图 7-29 所示。

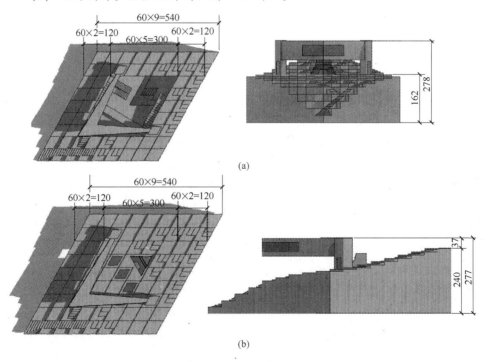

(a)

(b)

图 7-29　模型设计图

（8）评分情况。评分计算比例图如图 7-30 所示，具体评分情况如下：

11 分（主题构思）＋22 分（场地构造）＋23 分（秩序控制）＋16 分（材料工艺）＋13 分（图纸表现）＝85 分

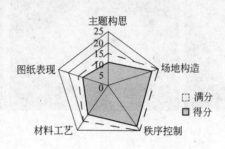

图 7-30　评分计算比例图

（9）教师评语。该设计运用菱形单体遵循模数设计，通过重复和变化的手法创造出富有韵律和冲击感的构成空间，既有逻辑性，采用了"洞穴"寓意，覆土设计，对路径和采光、通风等也进行了一定的考虑。

第8章　复杂体组合营建训练

8.1　匠人营国

"匠人营国，方九里，旁三门。国中九经九纬，经涂九轨。"

——《周礼·考工记》

8.1.1　训练任务与组织

8.1.1.1　教学目标

（1）本模块是对建筑设计基础中营建认知训练的总结，是综合性、整体协同的考察科目，训练学生以大地形、群体化构筑单元的组合为任务，进行单体、连接体、公共体（共享体）的系统性营建，其对应模块为体验式场所营建训练中的"正格"和"变格"的拓展与深化模块。

（2）突出多人协同、大尺度布局、复杂营造的训练特色，强调具有职业角色的学习方式，并深入了解"城市—区域—街道—单元—个体"的城市或区域空间生成过程，理解营建工作分工和团队合作的系统性过程，进一步了解群体空间对单体的控制以及场地与建筑的关联性。

（3）引导学生能够系统进行构思、试制、反馈、协作的营建认知工作方式。通过模型为手段的思维过程，针对组合性复杂任务的营建，学习运用图形模拟、草模试制等方法，探索轴线、地形、肌理、材质和形态构成的原理。

（4）在整体营建中，以班级为单位，培养学生进行大团队的合作营建训练，形成有效的统筹与分工体系，突出规划与单体之间的约束、反馈、妥协、优化的工作演进。在多元博弈的实践中发现、协调和解决问题。

8.1.1.2　训练内容

（1）题目设定：

训练借鉴匠人营国模式，根据班级人数（约32人）设定33m（长）×33m（宽）×6m（高）的营建区域，划分为11（长）×11（宽）×4（高）的网格体系，要求进行整体和16个单元格的设计营造（见图8-1）。整体划分为4个街区，分别设立规划组和建筑组，其中规划组4人，负责5（长）×5（宽）×4（高）网格内的空间规划与营造，并控制单体设计；建筑组4人，每个人与1名规划组成员结对，并完成1个单体的设计建造。

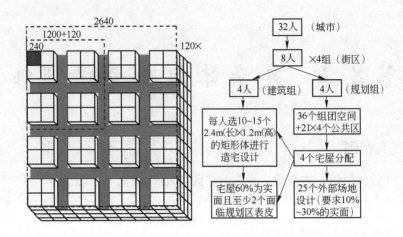

图 8-1　复杂组合体题目图示

（2）阶段内容：

1）规划组前期工作：以班级为单位，按 4 个街区分为 4 个规划组，每组 4 人，组内每个规划师协调一个建筑师。4 个规划组联合进行 4 个街区的整合规划构思，在原有网格基础上调研资料，分析案例，以"草图＋草模"的方式提出 2 ~ 3 个整体规划方案，并在分组讨论中，深化讨论分区规划的思路。小组的规划师应结合区内的建筑师一并讨论组内的营造工作。

2）建筑组前期工作：建筑组以街区为单位，与规划组协调进行前期单体方案的构思，并与规划方案进行衔接。建筑师通过资料调研和方案分析，每人以"草图＋草模"的方式提出 2 ~ 3 个单体方案，在街区方案中进行讨论，并吸取规划组和其他相邻组建筑师之间的意见，继续方案。

3）阶段 1 成果（必选）：以班级为单位，确定匠人营国的整体设计方案，确定各个街区的规划控制导则。以街区小组为单位，完成各区域的规划体块方案以及各单体的体块方案。区域之间完成相互的协调和组连接构件模型，以空间模数的构成营造完成整体方案，并绘制相应的图纸。

4）阶段 2 成果（可选）：以班级为单位，深化整体方案，各街区组根据阶段 1 成果，深化公共空间和单体的营建，表达肌理、构成、材质、构造等细节设计，完成整体模型的连接和拼装。

5）图纸工作：以班级为单位完成城市营造的图纸，以规划组为单位完成街区图纸，建筑师个人完成单体全套工程图。

（3）模型要求：

1）阶段一模型：本阶段为匠人营国的体块模型，要求以班级为单位完成原尺寸的中期模型，需明确反映营国任务中所设定的网格和轴线模数的关系。其中规划组需体现控制城区的公共空间的高差、轴线以及相关廊、桥、附属、下穿等连接体元素；单体组中每个建筑师需完成给定编号地块的单体体块设计，并反映出规划对其体量、规模、轴线、朝向的限定特征。本阶段的模型材料统一为木材，局部辅以有机玻璃等虚体材质。

2）阶段二模型：整体营造需要细化原有控制模数的形态特征。规划组和建筑组进一步深化。营建材料统一为木材，局部使用金属件，连接构件要求形态清晰，搭接构造合理，具有整体的设计强度。单体建筑能够表现出实体的构造、肌理、材质等细部特征。

（4）图纸要求：图纸图幅为 A1，内容包含：（1）规划组图。地面和屋顶 2 个平面图、4 个立面图、2 个剖面图（1∶100），生成图解 2 张（不小于 100mm×100mm），模型照片 4 张。（2）单体建筑图。各层平面图、4 个立面图、2 个剖面图（1∶50）、轴测图，生成图解（不小于 100mm×100mm）、单体照片 4 张。

8.1.1.3 重点难点

（1）训练学生对广义建筑学的理解，了解群体空间营建中规划、单体和公共空间的生成与工作协同过程，对区域与城市规划工作建立基础认知，尝试在大尺度、多功能、复杂体构筑上的学习与探索。

（2）通过匠人营国的训练，探求城市建设不同尺度层面的工作，在规划设计与建筑设计协同中融合传统文化，为后续专业课程的学习奠定认知基础。

（3）培养学生多关注建筑与场地关系、建筑与区域关系、城市形态肌理以及不同尺度下形态秩序的控制对营造创造的反馈作用。

（4）作为体验式场所营建训练的模块提升，引导学生深入思考从系统性、整体观的视角综合协调的空间、尺度、比例、肌理、材质等元素。

8.1.1.4 教学流程

本训练模块设定为"阶段一(18~24 学时)+阶段二(12~18 学时)"。

（1）解读匠人营国设计与营造的任务要点，结合建筑学概论课程，讲解城市规划原理、城市尺度、居住环境等知识。针对典型城区案例进行分析。

（2）指导学生进行规划师、建筑师的职业角色的组配，根据学生能力进行规划组和建筑组内的分工。要求前期阶段中规划组和建筑组提出相应的构思方案，在整个城市营建大组中进行方案的汇总与讨论，以"草图+草模"的形式最终确定一个"营国"的规划思路，确定城区和单体的控制法则。

（3）指导规划小组，确定城区的控制方案与公共空间设计思路，提出方案分析；指导建筑小组，根据规划确定的基本方案和规定指标，每个建筑组成员进行 2~3 个建筑单元方案的可行性讨论。以规划组为统筹，小组讨论确定区域建筑单体设计与连接体方案，制作"草图+草模"，明确区内的基本形体构成。

（4）指导班级大组，协调各个城区中的规划小组与建筑小组，分工合作完成整体的公共体连接、单体与公共体连接、单体与单体连接的方案模型。

（5）指导学生针对个体方案适宜性的评价和实体组合的可行性判断，根据直观中期实体模型，把握整体关系，深化公共体和单体的构造、肌理、材质等细部设计营造内容，根据营国的主题，深化具体的功能体验。

（6）制作完成整体模型的拼装与调整，最终完成模型和图纸成果。

8.1.1.5 师生组配

（1）班级委员会：协调班级中4个城区大组的分工，控制整个营建训练的工作进度，协调4个区域间控制秩序，组织公共体的设计与建造。

（2）规划组组长：协调组内设计与建造的过程，把握城区内的工作进度，协调规划组与建筑组的工作，完成区域内公共体的营造。

（3）建筑组组长：协调某区域内4个单体建筑的设计与建造过程，负责单体的建筑体量、尺度协调以及单体之间连接体的营建工作，分配建筑组内的成员分工，优化和控制本组工作进度，并与规划组进行协调。

（4）规划组成员：与其他规划小组协调设计建造公共体，与建筑组交流区域规划设计与建筑指标控制，组员之间进行分工，建造区域内公共体空间。

（5）建筑组成员：以每个组员为建筑师个体，在组内选择地块进行单体的深化设计，完成构件加工、节点制作、图纸分项绘制等工作，参与方案讨论、材料选择和工艺优化，合作完成模型与图纸。

（6）主导教师：控制大组和小组协调工作与进度，指导学生进行设计构思、结构与形态选型，把握公共体、连接体、单体的模型制作和图纸表达的要求，协调各组之间的人员和团队关系，进行中期和最终成果点评。

（7）辅讲教师：解决大尺度连接体和单体营造深化的技术与工艺难点，控制建造的工艺流程和细部表达，帮助小组进行材料选择、成本核算。

8.1.1.6 评分标准

本模块评分注重阶段一的体块控制设计和阶段二的深化营造。训练考察突出综合性群体设计、分区设计、形态构成、构造工艺、材料加工能力，强调不同尺度下空间营建的创新性、秩序性、逻辑性。

（1）营国主题：设计营建是否具有一定的构思主题，能否反映多人协作和实体营造的场景特征。考察对于营建中实际主题在不同尺度下的贯彻程度以及其实现的创新性。

（2）整体营建系统性：在复杂组合的营建系统中，是否合乎实体建造、结构的真实逻辑；从方案到实体，是否有明确的主题以及模数和骨骼控制规则。空间塑造能否获得总体城市意象。

（3）公共体秩序控制（规划组）：规划中控制和引导整个建筑群而建造的公共体是否能延续整个城市肌理，并成为统领街区的核心原则。

（4）连接体营建协调（规划组）：区域内公共空间的联通构件是否有利于单体建筑之间的协调，并作为建筑群体的肌理、体量和环境的补充。

（5）单体秩序控制（建筑组）：单体建筑是否遵循区域内轴线、肌理的控制原则，并且能体现独立的设计构思与创新性，并与周边环境相融合。

（6）单体营建构造（建筑组）：单体的营建在构造、肌理、形态、材料方面是否合理，单体制作中结构、围护和装饰构件的区分层次是否清晰。

（7）取材经济与合理性：营建过程中的选材模数、形状是否符合经济性要求，考察材料的利用率与通用性、对特殊工艺或者高成本节点的控制以及整体方案的成本优化措施。

（8）工艺与图纸表达性：制作工艺是否能够清晰表达构造和材料的细部，考察整体拼装工艺层次，检查图纸绘制的完整性和准确性。

（9）团队工作效率性：规划组在城区营建中起到的控制作用，能否对上协调整体营建的秩序关系，对下协调建筑组的设计导向；建筑组是否能够反馈和调整来自规划组的统筹。考察组员安排的合理程度及其在设计、试错和建造中的执行效率与贡献度。

（10）取分比例：营建主题 10% + 整体系统性 15% + 公共体（单体）秩序 20% + 连接体（单体）营建 20% + 取材经济性 10% + 工艺图纸 15% + 团队工作 10%。

注意，规划组与建筑组分开打分（评分标准中分开了）。案例中整体模型不打分（取消这一项），规划组和建筑组再打分。

8.1.2　作品案例分析

[案例 8-1]　格律之城

（1）设计意象：

立方体格网，轴线对称，堆叠演变。

（2）设计自述。通过对匠人营国的网格解析，规划组利用正方体对称、中心对称等性质进行设计营造。方案采用立方体为最小元素主题，布局上遵守网格秩序，控制线为 45°和正交两套网格。区域内在体量上沿轴线对称，并对公共空间进行不同高度层的规律起伏联系，形成"城市"节点和延续界面。单体组则以 1/4 分网格为母题，利用重复或渐变的立方体形态进行堆叠、穿插等手法构筑，营造从个体、群体到整体的简约统一风格。

（3）生成图解。模型形态生成图如图 8-2 所示。具体生成步骤如下：

第 1 步：设定匠人营国的模数控制关系，确定单体的位置和分组，选取 45°角为公共轴线的走向，确定"城市"的中心节点和延续界面，确定规划对单体

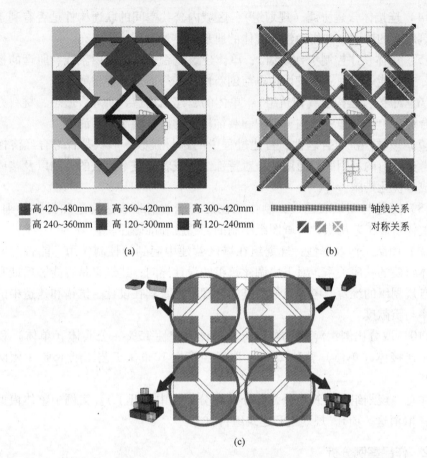

高 420~480mm ■ 高 360~420mm ■ 高 300~420mm ▦ 轴线关系

高 240~360mm ■ 高 120~300mm ■ 高 120~240mm ◪ 对称关系

(a) (b)

(c)

图 8-2 模型形态生成图

的限高要求。

第 2 步：在公共轴线基础上，对轴线进行延伸和扩展，形成整体的公共界面和轴线联系网络，利用轴线对构筑物单体进行切削，单体按照轴线进行体量对称设计。

第 3 步：在体块和轴线控制的基础上，4 个小组选定各自的组群与建筑单体的母题。其中，上部两组采用较为实体的组块构成，下部两组则采用立方体的堆叠设计。各单体组员通过阵列、重复、渐变、叠涩等手法，深化形态设计。

（4）实体组构。实体组构模型图如图 8-3 所示。

（5）模型推演。各角度计算机设计模型效果图如图 8-4 所示。

（6）材料运用：

主材：3mm 厚杉木板，5mm 厚雪弗板，2mm 厚有机玻璃片。

辅材：木胶，金属卡扣等。

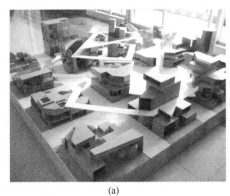

(a)   (b)

图 8-3　实体组构模型图

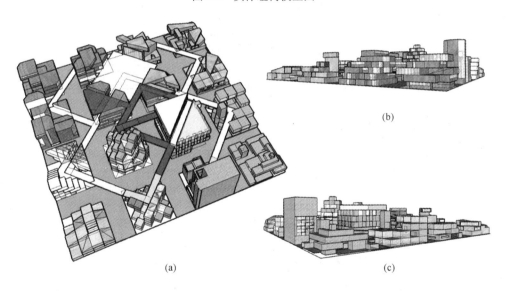

图 8-4　各角度计算机设计模型效果图

（7）营建过程：

1）按匠人营国的底板尺寸进行放样，剪裁与拼合木质底板，并预留单体建筑的卡槽；

2）规划组制定轴线与网格模数，通过底板放样，切割雪弗板，制作公共空间联系构件，并进行组装；

3）单体组按照规划组制定的限高和轴线要求，对设计好的方案进行放样，切割杉木板和有机玻璃片，裁切、打磨、黏合单体，并通过卡榫植入底座；

4）将规划组公共空间构件与单体衔接部分进行固定，完成整体拼装。

（8）设计图样。模型设计图如图 8-5 所示。

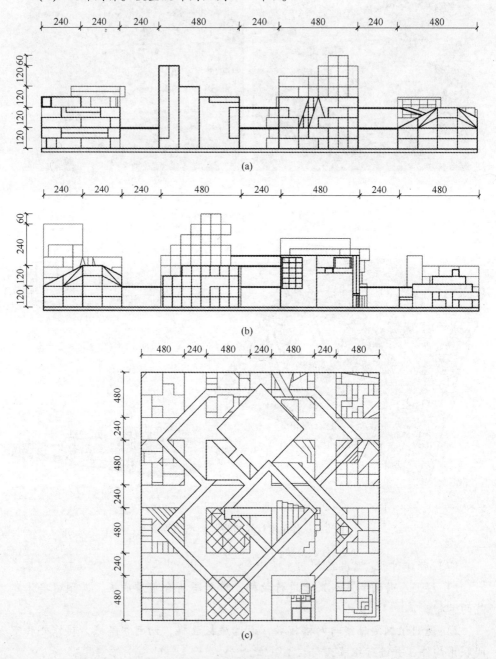

图 8-5 模型设计图

（a），（b）立面图；（c）平面图

（9）评分情况。评分计算比例图如图 8-6 所示，具体评分结果如下：

8 分(营建主题) + 13 分(整体系统性) + 18 分(公共体秩序) + 17 分(单体) + 8 分(取材经济性) + 12 分(工艺图纸) + 9 分(团队工作) = 85 分

（10）教师评语。该作品采用匠人营国中最基本的正交网格进行控制，构图简洁，轴线关系明确，其中 45°公共轴线体系与群体空间较为融洽，能够实现一定的规划控制作用，单体营造体块感强，立方体母题清晰。整体作品风格统一，但规划和单体构件欠缺细部，缺少个性变化。

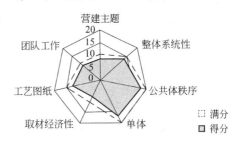

图 8-6　评分计算比例图

8.2　伞体拼筑

> "巨大的建筑，总是由一木一石叠起来的，我们何妨做做这一木一石呢?"

> ——鲁迅

8.2.1　训练任务与组织

8.2.1.1　教学目标

（1）本模块是对建筑设计基础中营建认知训练的总结，是一个综合性、整体协同的考察科目。训练考察学生对空间营建的形态、构造、材料、工艺和工作方式等专业内容认知的深入程度，同时考察学生运用建筑学基础性的构成、实验方法解决设计建造问题的能力。

（2）通过多人协同、复杂营造的构筑体训练，帮助每个学生深入了解"构思—构件—单元—个体—组群"的空间生成过程，理解营建的系统性过程，进一步熟悉形态、材料、工艺在营建表达中的特征。

（3）培养学生深入理解结构、构造与构筑体形态之间的生成关系。一方面，结构骨架在设计构思中，需要满足基本的力学原理，并在实体建造中通过巧妙的工艺实现；另一方面，将肌理、材质等控制与构造方式相结合，实现表里协调的形态表现手法，并强调原创性的解决方案。

（4）引导学生将模型化的实验研究手段引入设计推敲：以实体的生成为起点，将阶段模型、小样模型、局部试制等过程，视为实体建造过程的模拟，通过中期的制作、分析、实验、调整，研究设计方案的结构稳定性、承载性能、牢固度、工艺与材料表现力等，从中体会空间实体的生成效果。

（5）组织学生进行大团队的营建工作训练，形成有效的"个体—小组—大组—团队"的营建工作主体，学习和树立营建工作的团队合作意识、整体协同意识，并统筹解决工艺难点和组合秩序。

8.2.1.2　训练内容

（1）题目设定：

1）单伞建构（阶段一成果）。

2）组伞拼接（阶段二成果，根据课时条件为可选内容）。

（2）阶段内容：

1）前期小组工作：打通小班界限，在年级内自由组合，确定 12~15 人为一个大组，大组内分为三个小组，4~5 人为一个小组，小组首先进行资料调研、案例分析、组内汇总，以"草图+草模"的方式提出 2~3 个的单伞的概念构思方案。

2）中期大组工作：以大组为单位，协调内部三个小组单伞的方案，在单伞深化的基础上，完善并提出多伞拼组的概念构思方案 2 套，根据伞体组合的协调性和工艺优化，确定 1 个深化方案。各小组进行分工细化，制定伞体直接的连接关系。

3）单伞最终成果：结合大组的协调控制原则，推敲和优化小组的单伞模型，优化工艺和材料，组员分工进行各种构件的制作，集体进行整体拼装与调整，完成单伞实体建造。

4）组伞最终成果：各大组根据整体骨骼、肌理等设计表达需求，设置伞体间的关联构件，形成组伞的整体成果。

5）图纸工作：以大组为单位，制作组伞和单伞的工程套图。

（3）模型要求：

1）单伞建构：本阶段要求以 4~5 人的小组完成单伞制作。在给定 1m（长）×1m（宽）×2.5m（高）的范围内，完成单伞的 1:1 实体模型制作，要求其下能够停留至少 1 人，可站可坐。主要材料可用木材、竹材、金属、膜等，但单个伞体不超过四种主要材料。单伞的实体模型要求构件形态清晰，搭接构造合理，具有整体的设计强度，底部支撑不做要求，但要求满足可固定和搬运要求。另外，尽可能使单伞具有开闭的功能，并与组伞联动。

2）组伞拼接：作为第二阶段，要求在 12~15 人的大组中，完成三个单伞的组合伞体拼接构筑，要求组伞在初期对单伞具有体量、主题、形态或空间秩序上的控制，组伞的拼接为团队合作工作，伞体之间的连接构件需要具有设计的协调性、良好的刚度，并对单伞的开闭具有联动作用。

（4）图纸要求：

图幅为 A1，内容包括设计想法图解或文字说明，结构原理示意图；平面图、立面图、剖面图、轴测图（1:50）、主要节点详图（1:10）；模型照片（单体不少于 6 张，组群不少于 6 张）；设计分析图（基本单元、结构形式、连接组织、表皮肌理）；营建过程的记录照片（分 6 环节，每个环节各 4 张）。

8.2.1.3　重点难点

（1）训练学生了解大比例组群实体模型的设计、协同与营建制作过程，运用建筑设计基础阶段的形态、力学、构造、材料的认知，尝试和探索在复杂体、组合体构筑上的应用，在实践中发现、协调和解决问题。

（2）将伞构作为包含梁、柱、顶的建筑抽象体，在支撑构件、围护构件、装饰构件上的综合表现性。构思、应用和遵循空间与工艺的秩序逻辑，以及结构-形态关系。深化单体、连接体和各细部节点的设计。

（3）培养学生观察人在伞下的实际尺度体验，并反馈于设计与建造。

8.2.1.4　教学流程

本训练模块设定为"阶段一（18～24 学时）+ 阶段二（12～18 学时）"。

（1）解读伞构设计与营造的任务要点，讲解大尺度、多体拼筑的形态、构造、材料的基本原理，针对团队设计建造的案例进行分析讲解。

（2）指导学生进行大组小组的分配，针对小组要求每组提出 3 个构思方案，在大组内进行每个小组方案的汇总与讨论，以"草图 + 草模"的形式在组伞系统下讨论单伞的建构设计，初步讨论工艺、材料的选择。

（3）以小组为单位，绘制各单元基本形态，分别深化单伞方案，明确单伞的结构、形态、材质、工艺。选择材料与工艺，完成实体建造。

（4）在大组中协调各单伞的布局位置、连接工艺、形态表达。分小组制作单伞之间连接的节点大样模型，把握整体关系，反馈和优化单伞实体。

（5）完成整体拼装与调整，最终实现组伞成果，完成整套图纸绘制。

8.2.1.5　师生组配

（1）大组组长：协调大组中三个小组的分工，控制整个营建训练的工作进度，协调组伞的控制秩序，组织单伞之间连接体的设计与建造。

（2）小组组长：协调单伞设计与建造过程，负责与其他伞体之间的连接，组织本组成员分工，优化和控制本组工作进度和建造成本。

（3）组员：按各组内分工进行方案深化、构件加工、节点制作、图纸分项绘制等工作，参与方案讨论、材料选择和工艺优化，合作完成模型与图纸。

（4）主导教师：控制大组和小组协调工作与进度，指导学生进行设计构思、结构与形态选型，把握单伞与组伞的模型制作和图纸表达的要求，协调各组之间的人员和团队关系，进行训练辅导和成果点评。

（5）辅讲教师：解决伞体开闭、组合连接等技术与工艺难点，控制建造的工艺流程和细部质量，帮助小组进行材料选择、成本核算。

8.2.1.6　评分标准

本模块评分注重阶段一的单伞设计表达和阶段二组伞拼合的协调性，强调综合性形态构成、构造工艺、材料加工能力，突出营建逻辑性。

（1）方案构思：方案构思是否明确，能否体现训练所要求的内容与意义；方案构思是否具有创新性，方案构思可操作的表达程度。

（2）单伞构筑系统性：小组单体伞筑在结构、构造选型上的合理性，形态选择及表达是否具有清晰的结构、围护、装饰、可变构件层次。

（3）组伞拼装协调性：多伞体拼合的空间布局、连接工艺、形态组合是否合理，组伞整体的骨骼、肌理和材料的表达是否一致。

（4）复杂营建控制性：针对大比例复杂组合形态的设计，是否合乎实体建造、结构的真实逻辑；从方案到实体，是否有明确的控制规则。空间塑造能否获得人体尺度的功能和美感体验。

（5）取材经济合理性：营建过程中的选材模数、形状是否符合经济性要求，考察材料的利用率与通用性、对特殊工艺或者高成本节点的控制以及整体方案的成本优化措施。

（6）工艺图纸表达：对伞体营建的细部制作是否到位，复杂多样节点之间能否良好对接，考察整体拼装的完整性与图纸绘制的准确性。

（7）团队工作效率性：大组是否在组伞拼筑中起到控制作用，单伞小组能否及时反馈和协调来自其他小组和大组的统筹需求，考察组员安排的合理程度及组员在设计和建造任务执行中的效率与贡献度。

（8）取分比例：方案构思 15% +单伞构筑 20% +组伞拼装 20% +营建控制 10% +取材经济性 10% +工艺图纸 15% +团队工作 10%（见图 8-7）。

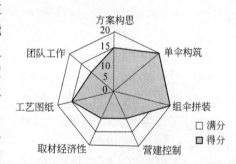

图 8-7　取分比例示意图

8.2.2　作品案例分析

[案例 8-2]　单伞——六角之翼

（1）设计意象：

三角翼，翻折，中心对称。

（2）设计自述。本设计的主体由一个空间四边形经六次规律性的翻折形成，主体框架采用交错的木杆件经六次旋转平移而成。其中伞面的基本元素采用三角翼形态，翼的上下表面采用不同材质进行区分。整个伞体的设计以中轴为核心，采取向心对称的方式在中央部位围合成互补的半敞开空间。而交错的上扬角与下沉角赋予整体一种翅膀翻腾的动态感。设计建造采用现场体验式制作方式，实体营造具有移步换景翼缘变化韵律和美感。伞下空间提供有变化的非均匀遮挡效果。此外，伞面的选材结合轻盈的框架，采用厚实的板面进行对比，增强伞体构筑的围合感效果。

（3）生成图解。形态生成图如图8-8所示，具体生成步骤如下：

第1步：确定伞体的基本主题与形态母题，以律动的机翼为原型，设计为三角形的翼幅＋张拉杆件的基本构造方式，对整个作品的基本形态、色彩、材料配置进行定位和选择。

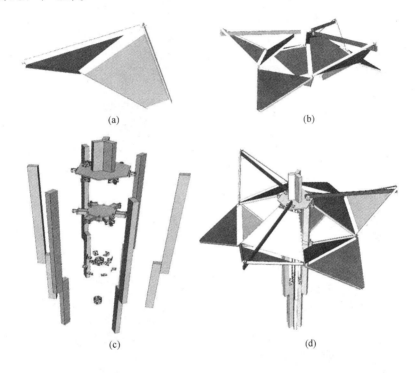

(a)　　　　　　　　　　　(b)

(c)　　　　　　　　　　　(d)

图8-8　形态生成图

(a) 伞面组装基本构建；(b) 伞面结构拓展；
(c) 伞轴构造设计；(d) 伞面三角翼翻折控制

第2步：确定伞面的组构方式，采用中心对称的布局方式，在六边形基础上形成空间的伞面结构，其翼缘为上下错落形态，通过杆件连接，可让各三角翼在90°内自由旋转。

第3步：对伞轴进行构造设计，以伞面中心为基点，植入伞轴，其核心结构采用Y形柱体，有利于承载六边形格局的受力，柱体外缘设置附属杆件，用于控制伞面三角翼的翻折。

第4步：将伞面按角度与Y形柱体对应安装，将伞面上下两组三角翼的悬挂杆通过附件与柱体对接，最终通过伞体上的竖向附件的上下移动，实现对伞面三角翼翻折的控制。

（4）实体组构。实体组构模型图如图8-9所示，计算机模型图如图8-10所示。

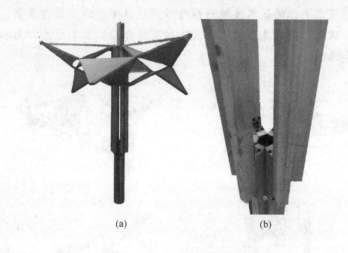

(a)   (b)

图8-9 实体组构模型图

(a) 整体图；(b) 细部图

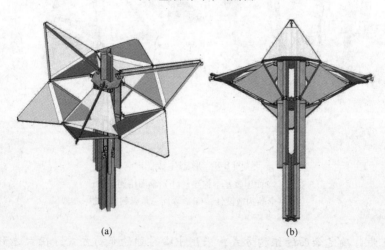

(a)   (b)

图8-10 计算机模型图

(a) 角度一；(b) 角度二

（5）材料运用：

主材：截面50mm×50mm杉木棒，8mm厚杉木板，帆布等。

辅材：金属合页，挂钩，螺丝等。

（6）营建过程：

1）根据设计好的尺寸用木条将伞面部分的三角形轮廓支撑完成，并将其通过螺丝钉和合页固定；

2）采用三角形框进行三角翼的单元体制作，下部覆盖8mm厚杉木板材，上部覆盖帆布，完成伞面单元的制作，通过伞架结构安装三角翼单元；

3）用50mm的杉木棒榫接固定成Y形的支撑结构，在端部、中部和底部分别采用金属角铁固定，预留附件杆的榫槽和金属合页挂点；

4）将伞面部分的连杆和伞轴上的连杆通过铰接件进行固定，实现伞体翻折的联动机制。

（7）设计图样。模型设计尺寸图如图8-11所示。

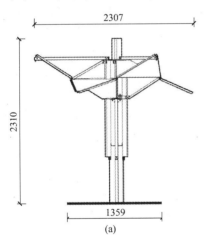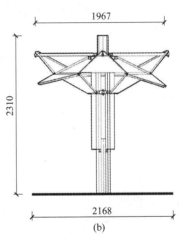

（a）　　　　　　　　　　　（b）

图8-11　模型设计尺寸图

（a）侧面一；（b）侧面二

（8）评分情况。评分计算比例图如图8-12所示，具体评分情况如下：

14分（方案构思）+27分（单伞构筑）+18分（营建控制）+8分（取材经济性）+13分（工艺图纸）+9分（团队工作）=89分

（9）教师评语。该方案构思采用动态的三角形为主题，形成中心对称的伞体形态，其伞面以空间六边形为网格控制，通过翻折形成伞面主体，而伞架部分由平行的木条组合进行支撑，对其结构借鉴了伞

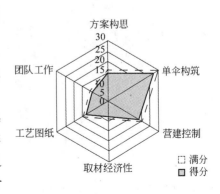

图8-12　评分计算比例图

的折叠特征，将不同角度的面衔接在一起形成变化可动的空间界面。整体构造逻辑清晰，伞体营建组织较好，但在细部上缺乏节点设计，而帆布运用没有体现出其材料特征。

［案例8-3］　单伞——六边托盘

（1）设计意象：

托盘体，翻转，非对称。

（2）设计自述。本设计的伞面借鉴凹镜和托盘意象，构思为火炬体。伞面上大下小，大小两个正六边形相互呼应，组成了作品的框架，以木材为主要材料，运用了榫接的连接方式，使不同构件之间的连接浑然天成。设计建造以伞为原型，但不拘泥于伞形，撑杆采用六根长短不一的木杆，形成非对称的空间斜面特征。另外，伞面为开合设计，使作品更契合伞构的主题，并更具灵动性。

（3）生成图解。模型形态生成图解如图8-13所示，具体生成步骤如下：

第1步：按模数等距放大六边形的半径尺寸，按照半径与各定点组成的三角形，围合制作成偏心的三角形托盘形态，采用半透明材质封闭伞面，形成顶部的

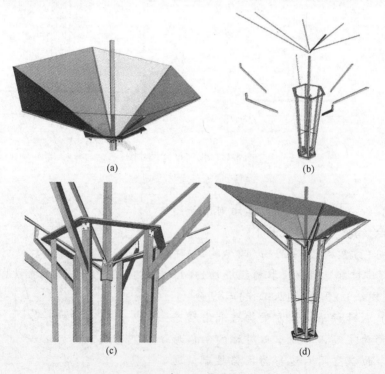

(a)　　　　　　　　　　(b)

(c)　　　　　　　　　　(d)

图8-13　模型形态生成图解

(a) 顶部遮盖界面；(b) 设置基本承重结构；(c) 形成支撑网架；(d) 完成活动装置联动

遮盖界面。

第2步：同样采用六边形主题，设置伞体的主体基本承重结构。柱体上大下小，形成对托盘伞面的承接之势，柱体的构造在六边形的顶点进行连接，中心杆与伞面半径杆相连接。

第3步：伞体中心柱与外围框柱之间通过合页、铆钉等材料进行一体固定，并仿照伞的骨架构造，形成上下活动的支撑网架，基本单元为三角形骨架，通过铰接进行活动变化。

第4步：将第1步的伞面和第3步的伞柱进行对接组合，其中将伞面的半径杆件与伞柱的六边形外圈支柱进行对应连接，将附件的可活动斜撑杆件与伞面连接，完成活动装置的联动。

（4）设计图样。模型设计图如图8-14所示。

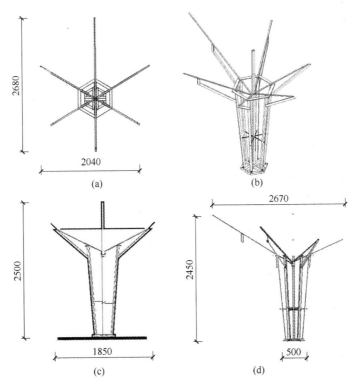

图 8-14　模型设计图
(a) 俯视图；(b) 轴测图；(c) 正视图；(d) 左视图

（5）评分情况。评分计算比例图如图8-15所示，具体评分情况如下：

12分（方案构思）+26分（单伞构筑）+18分（营建控制）+8分（取材经济性）+13分（工艺图纸）+9分（团队工作）=86分

（6）教师评语。该作品在六边形的母题上进行变化，通过对六边形半径的尺寸渐变，形成具有模数控制的非对称伞面形态，使得不同角度能有不同的视觉效果。伞体的轴心根据伞上大下小的基本结构，组成了作品的框架，伞架的组合运用了榫接，采用了伞的基本结构，由伞架、伞托、伞面衔接而成。整体伞构简单明了，可动装置清晰，但设计缺乏巧妙，且建造需要加强刚度。

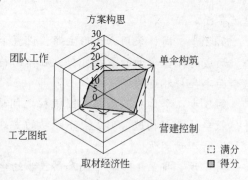

图 8-15 评分计算比例图

[案例 8-4] 单伞——六维之帆

（1）设计意象：

软质帆，阶梯叠加，滑轨系统。

（2）设计自述。本设计的灵感来源于木船的桅帆形态，在结构上参照桅杆的支架形态，并改变其运动方式，通过滑轮、铁片等衔接构件，将伞面单元进行类似帆的悬挂，以伞构中柱附件的运动代替了伞骨架的运动，伞面一共分为五层，呈阶梯状叠加式分布，每层收放尺寸相同，其伞面的运动方向均为六边形的半径方向。在材料上，伞面采用软质布材料，各层单元都通过滑轨进行径向运动，形成可变的半开敞空间，整体布局为中心对称，轮廓圆润，稳定感强。

（3）生成图解。模型形态生成图解如图 8-16 所示，具体生成步骤如下：

第 1 步：以六边形结构制作伞体的底座，将三根木条两两相扣，通过榫卯卡接的方式完成底座，在底座上预置榫槽，通过六根纵向承重主体结构的竖杆来生成支撑柱体。

第 2 步：在六边形柱体的各个边杆上设置接口，模仿平面桁架的方式，悬挑水平方向的杆件，形成六榀按 120°角均匀摆列的桁架阵列，初步形成伞体的主要结构形态。

第 3 步：以每榀桁架为单元，植入水平方向等距退让的支架轨道，用弧线三角作为最基本的帆体框架，均匀摆列在各个轨道上，最终形成具有五层帆叠加的立体伞面结构。

第 4 步：对六榀向外呈六边形发散的桁架，进行支柱端的固定，将各个帆体的支架展开至最大，设置等腰梯形的帆结构，完成伞面的最终形态，并呈现帆面张拉和折叠两种状态。

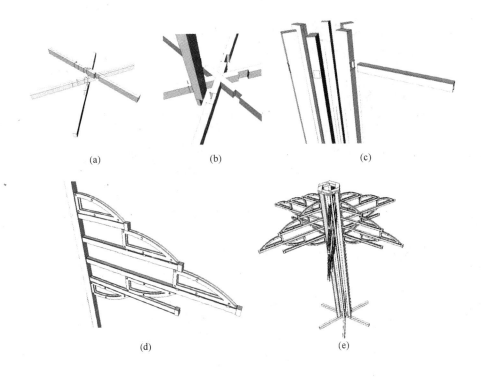

(a)　　　　　　　　　(b)　　　　　　　　　(c)

(d)　　　　　　　　　(e)

图 8-16　模型形态生成图解

(a) 底部卡座；(b) 支柱插入卡座；(c) 支柱上插入横向分支；

(d) 插入支架轨道；(e) 帆体支架展开

(4) 实体组构。实体组构模型图如图 8-17 所示。

(5) 材料运用：

主材：截面 50mm×50mm 的杉木条，截面 60mm×30mm 的金属导轨，帆布等。

辅材：金属合页，螺丝等。

(6) 营建过程：

1) 制作底部支撑，将截面 50mm×50mm 的杉木条进行交叠，量取交叉部分，制作榫卯相互连接，预留卡槽，用于立柱的安装；

2) 将 1.8m 长的六根杉木条按六边形端点位置，插入底座的槽内，外部以箍圈进行固定，在立柱上按等距尺寸开设卡槽；

3) 在六根杉木条顶部插入长度等距渐变的杉木条，在其基础上用滑轮固定上弯曲的木构装置；

4) 将帆布裁成三种规格的梯形尺寸，通过线的缠绕固定在向外发散的伞托上；

5) 调节和优化收折附件装置。

图 8-17 实体组构模型图

（7）设计图样。模型设计尺寸图如图 8-18 所示。

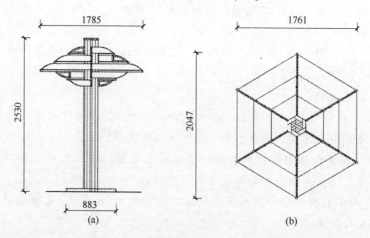

图 8-18 模型设计尺寸图

（8）评分情况。评分计算比例图如图 8-19 所示，具体评分情况如下：

13 分（方案构思）＋27 分（单伞构筑）＋18 分（营建控制）＋8 分（取材经济性）＋13 分（工艺图纸）＋9 分（团队工作）＝88 分

（9）教师评语。该作品结合了帆与伞两种形态特点，在结构上使用了平移滑轨的支架，改变了伞面的运动方式，滑轮、铁片等衔接构件使伞体单元采用水平收折方式，代替了伞骨架的竖向折叠运动，在构造方式上做了创新探索，整体由基本单元组成，有较强的秩序感。整体设计体现了几何美学特征，但材质的软硬搭配以及可动节点的工艺方法需要进一步改良。

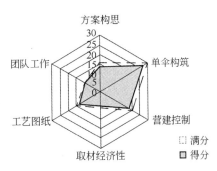

图 8-19　评分计算比例图

[案例 8-5]　组伞——六合伞构

（1）设计意象：

六边形母题，拼合，庇护体验。

（2）设计自述。组伞由案例 8-2～案例 8-4 的三个单伞两两相连组合而成，组伞采用六边形母题对单伞形态进行控制，分别利用六边形的角点、边长、半径作为设计营造的切入点。主体三个伞单元由漏斗状翻折面、阶梯曲面和三角色块互补面形成，同样柱的形式由发散状、直升状和转折状组合而成。本作品寓意六合，有统合、包容之意。伞体结构通过六面收合被限定在六边形内，更能突出群组的围合感和场所感。

（3）实体组构。计算机设计效果图如图 8-20 所示。

（4）设计图样。模型设计尺寸图如图 8-21 所示。

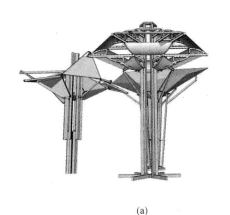

(a)

(b)

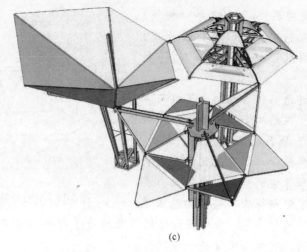

(c)

图 8-20　计算机设计效果图

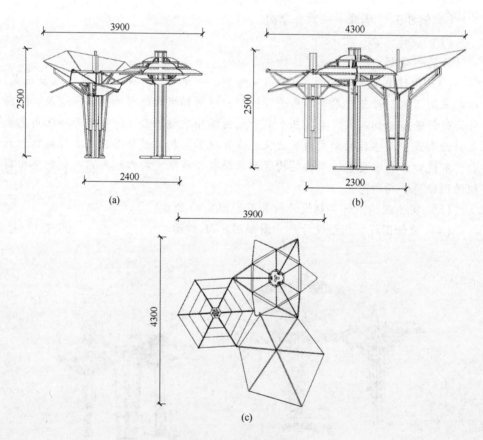

图 8-21　模型设计尺寸图

（a）侧视图一；（b）侧视图二；（c）顶视图

（5）评分情况。评分计算比例图如图
8-22所示，具体评分情况如下：

13分（方案构思）+26分（组伞构筑）
+18分（营建控制）+8分（取材经济性）+
13分（工艺图纸）+9分（团队工作）=87分

（6）教师评语。该组作品从伞的基本
形态出发，采用了六边形最基本的平面形
态，在结构上通过翻转、榫接、滑轮、卡
接等手法确定伞构的支撑部分。在材料运
用方面三个单体较为统一，通过帆布体现
伞面。三个单体组合成了具有空间围合感

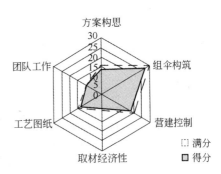

图8-22 评分计算比例图

的半开敞空间。整体设计营造思路明确，但在伞体之间相互连接关系上缺乏节点
的细部设计，其公共空间形态欠考虑。

参 考 文 献

[1] Eduard F. Sekler. Structure in art and science[M]. New York：Brazil, 1965：89.

[2] [美]肯尼斯·弗兰普顿. 建构文化研究[M]. 王骏阳，译. 北京：中国建筑工业出版社，2007：3~5.

[3] Frampton K. Studies in tectonic culture[M]. Cambridge：The MIT Press, 1996.

[4] Martin Steffens, Peter Gossel. Karl Friedrich Schinkel[M]. Cologne：Taschen, 2003：38.

[5] [美]肯尼斯·弗兰普顿. 建构文化研究[M]. 王骏阳，译. 北京：中国建筑工业出版社，2007：5~7.

[6] Eduard F. Sekler. Structure in art and science[M]. New York：Brazil, 1965：95.

[7] [美]肯尼斯·弗兰普顿. 建构文化研究[M]. 王骏阳，译. 北京：中国建筑工业出版社，2007：21~24.

[8] Marco Frascari. The tell the tale detail[C]//Theorizing a new agenda for architecture——an anthology of architectural theory 1965~1995. New York：Princeton Architectural Press, 1996：500~510.

[9] Marco Frascari. The tell the tale detail[C]//Theorizing a new agenda for architecture——an anthology of architectural theory 1965 ~ 1995. New York：Princeton Architectural Press, 1996：512.

[10] Vittorio Gregotti. The exercise of detalling[C]// Theorizing a new agenda for architecture——an anthology of architectural theory 1965~1995. New York：Princeton Architectural Press, 1996：496~497.

[11] [美]肯尼斯·弗兰普顿. 建构文化研究[M]. 王骏阳，译. 北京：中国建筑工业出版社，2007：345.

[12] 杨英. 从材料和结构的角度探索建构的表现力[D]. 天津：天津大学，2009：39~41.

[13] 彭菲. 建筑表皮的思索[D]. 合肥：合肥工业大学，2004：3.

[14] 朱涛. "建构"的许诺与虚设——论当代中国建筑学发展中的"建构"观念[J]. 时代建筑，2002(5)：30.

[15] 孙超法. 建筑表皮分层设计与可持续发展[J]. 城市建筑，2005 (12)：55.

[16] [荷]赫曼·赫茨伯格. 建筑学教程：空间与建筑师[M]. 刘大馨，译. 天津：天津大学出版社，2003：198.

[17] 史永高. 隐匿与显现——材料的建造与空间双重属性之研究[D]. 南京：东南大学，2007.

[18] [美]肯尼斯·弗兰普顿. 建构文化研究[M]. 王骏阳，译. 北京：中国建筑工业出版社，2007：180.

[19] 曲静. "上帝也在细部之中"——意大利建筑师卡洛·斯卡帕建筑思想解析[J]. 建筑师，2007(4)：33.

[20] 曲静. "上帝也在细部之中"——意大利建筑师卡洛·斯卡帕建筑思想解析[J]. 建筑师，2007(4)：34.

[21] 李凌. 诗意的建造——赫佐格与德默龙创作思想及作品研究[D]. 西安：西安建筑科技

大学, 2005: 2.

[22] Pritzker Architecture Prize Laureates 2001, Aditional Comments from Individual, Pritzker Prize Jurors.

[23] 维特鲁威. 建筑十书[M]. 高履泰, 译. 北京: 知识产权出版社, 2001: 42.

[24] Bertrand Jestaz. 文艺复兴的建筑[M]. 王海洲, 译. 上海: 汉语大词典出版社, 2003.

[25] 姜涌, 包杰, 王丽娜. 建造设计——材料、连接、表现: 清华大学的建造实验[M]. 北京: 中国建筑工业出版社, 2009: 19.

[26] 奈尔维 P L. 建筑的艺术与技术[M]. 黄运弄, 译. 北京: 中国建筑工业出版社, 1981: 9.

[27] Andreas Denk. Resource Architecture: Report and Outlook[M]. Berlin: UIA Berlin, 2002.

[28] 姜涌, 包杰, 王丽娜. 建造设计——材料、连接、表现: 清华大学的建造实验[M]. 北京: 中国建筑工业出版社, 2009: 20

[29] 娄蒙莎. 空间行为心理——新时期建筑系馆的人性化空间设计[D]. 西安: 西安建筑科技大学, 2006.

[30] 王贵祥. 建筑学专业早期中国留美生于宾夕法尼亚的建筑教育[C]//张复合, 贾珺. 建筑史论文集第17辑. 北京: 清华大学出版社, 2003: 193~200.

[31] 童寯. 美国本雪文亚大学建筑系综述[C]//童寯文集(第一卷). 北京: 中国建筑工业出版社, 2000.

[32] 姜涌, 包杰, 王丽娜. 建造设计——材料、连接、表现: 清华大学的建造实验[M]. 北京: 中国建筑工业出版社, 2009: 23.

[33] [日] 利光功. 包豪斯: 现代工业设计运动的摇篮[M]. 刘树信, 译. 北京: 轻工业出版社, 1988.

[34] 丁继军, 等. 艺术设计人才培养的实践环境研究[J]. 浙江理工大学学报, 2007.

[35] 吉国华. "苏黎世模型"——瑞士 ETH 建筑设计基础教学的思路和方法[J]. 建筑师, 2000(6).

[36] 范占军. 建造教学的研究与实践[D]. 南京: 东南大学, 2005: 9.

[37] 周瑾茹. 空间建构理论方法在我国建筑教学中的探索实践[D]. 西安: 西安建筑科技大学, 2006: 25~26.

[38] 世界建筑导报——世界建筑联盟建筑教育专辑. 世界建筑导报, 2004(1): 15.

[39] 范占军. 建造教学的研究与实践[D]. 南京: 东南大学, 2005: 11.

[40] 周瑾茹. 空间建构理论方法在我国建筑教学中的探索实践[D]. 西安: 西安建筑科技大学, 2006: 28~29.

[41] 库柏联盟官方网站. http://cooper.edu/architecture/.

[42] 梁思成. 图像中国建筑史[M]. 北京: 生活·读书·新知三联书店, 2011: 118.

[43] 孟旭彦. 从方塔园解析现代中国式营造之路[J]. 城市环境设计, 2009(1):74~75.

[44] 冯纪忠. 何陋轩答客问[J]. 时代建筑, 1988(03):8, 14~21.

[45] 李乃清, 王澍. 城市化的逆行者[J]. 南方人物周刊, 2010(38).

[46] 周术, 等. 环境时代的体验性建筑——隈研吾、王澍建筑作品解析[J]. 烟台大学学报(自然科学与工程版), 2009, 22(3): 246~250.

[47] 刘家琨. 给朱剑飞的回信[J]. 时代建筑, 2006(5): 67~68.

[48] 宋正正. 解读刘家琨"处理现实"的建筑策略[D]. 上海: 同济大学, 2009: 2~3.

[49] 胡颖. 中国古代营建教育的特征及历史价值[J]. 丽水学院学报, 2005(3): 98~100.

[50] 赖德霖. 中国近代建筑史研究[M]. 北京: 清华大学出版社, 2007: 123.

[51] 包杰, 姜涌, 李华东. 中国近代以来建筑教育中技术课程的比重研究[J]. 建筑学报, 2009(03): 82.

[52] 2010年度同济大学建造节现场观摩, 2012. http://www.douban.com/event/11979594/.

[53] 缪峰. 南京大学"木构建造实验"之体验[J]. 南方建筑, 2006(10): 128~129.

[54] 姜涌, 包杰, 王丽娜. 建造设计——材料、连接、表现: 清华大学的建造实验[M]. 北京: 中国建筑工业出版社, 2009: 2.

[55] 姜涌, 包杰, 王丽娜. 建造设计——材料、连接、表现: 清华大学的建造实验[M]. 北京: 中国建筑工业出版社, 2009: 77.

[56] 顾大庆, 柏庭卫. 建筑设计入门[M]. 北京: 中国建筑工业出版社, 2010: 39.

[57] 范占军. 建造教学的研究与实践[D]. 南京: 东南大学, 2005: 17.

[58] William J Carpenter. Learning by building: design and construction in architectural education [M]. New York: Wiley, 1997.

[59] 东南大学建筑学院建筑设计学生作品集[M]. 北京: 中国建筑工业出版社, 2004.

[60] 姜涌, 王丽娜. 建筑构造教学改革初探——建造设计[J]. 重庆建筑大学学报, 2004(26): 32.

[61] 施瑛, 等. 建筑设计基础课程中形态构成系列的教学研究与实践[J]. 华中建筑, 2009(10): 169~171.

[62] [德]沃尔夫冈·科诺等. 建筑模型制作——模型思路的激发[M]. 大连: 大连理工大学出版社, 2009: 10~11.

[63] [德]沃尔夫冈·科诺等. 建筑模型制作——模型思路的激发[M]. 大连: 大连理工大学出版社, 2009: 59~65.

[64] 王德伟. 建筑学专业建造课程的比较研究[D]. 重庆: 重庆大学, 2007: 80.

后　记

本书是作者所在建筑基础教学团队历经三年进行教学方法与实证研究的成果，包含了作者主持的浙江省教育科学规划课题和建筑设计基础优秀课程建设的核心成果。本书理论部分针对"营建教学"最前沿的教学模式进行梳理和探索，实例部分则是营建认知教学的案例解析。由于营建教学在我国开展时间较短，经验相对匮乏，但对建筑学教学的引领作用明显。特别是在地方建筑院校中，其开设和推广的需求更为突出。目前，因师资、硬件等条件的限制和课程编制的改变，营建认知教学的进展一直较为缓慢。本书展现了浙江工业大学营建认知教学建设从无到有，从试点到成熟的历程，核心内容包含原创性教学模式、训练内容和案例成果，并如实反映了教学探索和实验中出现的诸多难点和不足。

在本书编写过程中，得到了浙江大学王竹教授的支持，书中多组教学案例作为浙江工业大学建筑学专业教学评估的展示成果，得到了同济大学王伯伟教授、西南交通大学沈中伟教授、北京市建筑设计研究院傅英杰教授级高级工程师的肯定和鼓励，他们对我们的教学实践提出了指导性的建议。

浙江工业大学教务处应四爱副处长、建筑系于文波教授为营建认知教学改革顺利实施提供了重要支持。吴涌、林冬庞、陈鑫如、陈小军等作为建筑设计基础教研组成员，共同进行了营建认知教学的探索和实验，正是因为有这样一个富有活力、真诚合作的团队，才完成本书的编写工作，在此一并表示衷心的感谢！

感谢姜哲远同学作为助教在营建教学实践过程中发挥的积极作用以及在本书营建认知理论与教学体系部分所做的资料整理工作。感谢金通、王晨羚、裘梦颖、赵旖旎、方礼璋、李欣映等同学在书稿整理中的辛勤付出。

本书部分图片资料来源于 ABBS 建筑论坛、21 世纪建筑设计网、筑龙网、豆瓣网等网站的开放性共享资源，其他参考文献已全部列于书后，在此对所有资料和文献的作者表示最衷心的感谢。

鉴于本书为地方建筑院校对营建认知教学的一种尝试和探索，不妥之处，真诚欢迎各位同仁给予批评和指正！

作　者
2013 年 5 月

冶金工业出版社部分图书推荐

书　名	作　者	定价(元)
建筑结构振动计算与抗振措施	张荣山　等著	55.00
岩巷工程施工——掘进工程	孙延宗　等编著	120.00
岩巷工程施工——支护工程	孙延宗　等编著	100.00
钢骨混凝土异形柱	李　哲　等著	25.00
地下工程智能反馈分析方法与应用	姜谙男　著	36.00
地铁结构的内爆炸效应与防护技术	孔德森　等著	20.00
隔震建筑概论	苏经宇　等编著	45.00
岩石冲击破坏的数值流形方法模拟	刘红岩　著	19.00
缺陷岩体纵波传播特性分析技术	俞　缙　著	45.00
交通近景摄影测量技术及应用	于　泉　著	29.00
参与型城市交通规划	单春艳　著	29.00
地铁结构的内爆炸效应与防护技术	孔德森　等著	20.00
建筑工程经济与项目管理	李慧民　主编	28.00
土木工程材料(英文)(本科教材)	陈　瑜　编著	27.00
FIDIC 条件与合同管理(本科教材)	李明顺　主编	38.00
建筑施工实训指南(高专教材)	韩玉文　主编	28.00
城市交通信号控制基础(本科教材)	于　泉　编著	20.00
建筑环境工程设备基础(本科教材)	李绍勇　等主编	29.00
供热工程(本科教材)	贺连娟　等主编	39.00
GIS 软件 SharpMap 源码详解及应用(本科教材)	陈　真　等主编	39.00
建筑施工技术(第 2 版)(国规教材)	王士川　主编	42.00
现代建筑设备工程(本科教材)	郑庆红　等编	45.00
混凝土及砌体结构(本科教材)	王社良　主编	41.00
土力学地基基础(本科教材)	韩晓雷　主编	36.00
土木工程施工组织(本科教材)	蒋红妍　主编	26.00
施工企业会计(第 2 版)(国规教材)	朱宾梅　主编	46.00
土木工程概论(第 2 版)(本科教材)	胡长明　主编	32.00
理论力学(本科教材)、	刘俊卿　主编	35.00